この一冊があなたのビジネス力を育てる！

Accessはどんなことができるのかよくわからないなあ。データベースって難しそう。
データベースをビジネスシーンで活用したいけど、どうやってやるのかな。
FOM出版のテキストはそんなあなたのビジネス力を育てます。
しっかり学んでステップアップしましょう。

第1章　Accessの基礎知識

Access習得の第一歩
まずは触ってみよう

まずは基本が大切！
Accessの画面に慣れることから始めよう！

Accessの画面構成は、とても機能的で使いやすい！
ポイントは、2つの領域が持つそれぞれの役割を理解すること！

データベースの各オブジェクトが表示される領域

オブジェクトを開いて作業する領域

Accessの基礎知識については **8ページ** を **check!**

第2章 データベースの設計と作成

データベースは設計が命
データベース作成の基本をマスターしよう

データベースの設計って何をすればいいのかな?

●印刷結果

売上一覧表

売上番号	売上日	得意先コード	得意先名	商品コード	商品名	単価	数量	金額
1	2016/04/01	10010	丸の内商事	1020	バット(金属製)	¥15,000	5	¥75,000
2	2016/04/01	10220	富士スポーツクラブ	2030	ゴルフシューズ	¥28,000	3	¥84,000
3	2016/04/04	20020	つるたスポーツ	3020	スキーブーツ	¥23,000	5	¥115,000
4	2016/04/04	10240	東販売サービス	1010	バット(木製)	¥18,000	4	¥72,000
5	2016/04/05	10020	富士スポーツ	3010	スキー板	¥55,000	10	¥550,000

●入力項目

売上伝票入力

売上番号	1
売上日	2016/04/01
得意先コード	10010
得意先名	丸の内商事
商品コード	1020
商品名	バット(金属製)
単価	¥15,000
数量	5
金額	¥75,000

データベースに必要な項目を分析し決定する

●売上伝票

売上番号	売上日	得意先コード	得意先名	商品コード	商品名	単価	数量	金額
1	2016/04/01	10010	丸の内商事	1020	バット(金属製)	¥15,000	5	¥75,000
2	2016/04/01	10220	富士スポーツクラブ	2030	ゴルフシューズ	¥28,000	3	¥84,000
3	2016/04/04	20020	つるたスポーツ	3020	スキーブーツ	¥23,000	5	¥115,000
4	2016/04/04	10240	東販売サービス	1010	バット(木製)	¥18,000	4	¥72,000
5	2016/04/05	10020	富士スポーツ	3010	スキー板	¥55,000	10	¥550,000

どのテーブルにどの項目を格納するかを決定する

●得意先マスター

得意先コード	得意先名
10010	丸の内商事
10020	富士スポーツ
10030	さくらテニス
10040	スター広告社
10050	足立スポーツ

●売上データ

売上番号	売上日	得意先コード	商品コード	数量
1	2016/04/01	10010	1020	5
2	2016/04/01	10220	2030	3
3	2016/04/04	20020	3020	5
4	2016/04/04	10240	1010	4
5	2016/04/05	10020	3010	10

●商品マスター

商品コード	商品名	単価
1010	バット(木製)	¥18,000
1020	バット(金属製)	¥15,000
1030	野球グローブ	¥19,800
2010	ゴルフクラブ	¥68,000
2020	ゴルフボール	¥1,200

テーブルはデータの種類ごとに細かく分けることがポイントだよ!

データベースの設計と作成については **30ページ**を **check!**

第3章 テーブルによるデータの格納

データを適切に保存
テーブルを作ろう

Accessで作成するデータベースのデータはすべてテーブルに保存されるからテーブルはデータベースの要なんだね。

テーブルを作成するときは、必要なフィールドに対して適切なデータ型を設定すれば、データを無駄なく管理できる！

Excelで入力した大量のデータを…

Accessのデータベースにインポートして活用できる！

テーブルによるデータの格納については **38ページ** を **check!**

第4章 リレーションシップの作成

テーブルの関連付け
リレーションシップを作ろう

テーブルを細かく分けたけど、そのあとどうすればいいの?

ばらばらになっているテーブルを…

テーブル間を共通フィールドで関連付けることで、あたかもひとつの大きなテーブルとして扱える!

細かく分けたテーブルは、リレーションシップを使って関連付けることがポイントだね!

リレーションシップの作成については **82ページ** を **check!**

第5章 クエリによるデータの加工

データを自由に加工
クエリを作ろう

クエリを使うと、ひとつまたは複数のテーブルから必要なフィールドを組み合わせて仮想テーブルを編成できるよ！

フィールドを使って計算できる！

売上番号を基準に並べ替えができる！

仮想テーブルに表示するフィールドを選択できる！

並べ替えて表示したり、計算結果を表示したり、データを自由自在に加工できる！

クエリによるデータの加工については **90ページ** を **check!**

第6章 フォームによるデータの入力

データの入力画面
フォームを作ろう

売上データの入力って、件数が多いから結構面倒なんだよね。
入力ミスもしばしば…

単票形式のフォームなら1画面に1レコードの表示だから、入力しやすい！

コントロールの配置を自由に変更して、使いやすい入力画面を作成！

入力が必要なフィールドだけにカーソルが移動するから、入力ミスを削減できる！

フォームによるデータの入力については **114ページ** を **check!**

第7章

クエリによる データの抽出と集計

レコードの絞り込み
条件に合うレコードを抽出しよう

条件に合うレコードを表示するには、どうしたらいいんだろう？

担当者コードが「110」または「140」の得意先データを抽出！

住所が「東京都」の得意先データを抽出！

パラメータークエリを実行すると、毎回違う条件でレコードを抽出して集計！

パラメーターの入力
開始年月日を入力
2016/05/15
OK　キャンセル

パラメーターの入力
終了年月日を入力
2016/05/31
OK　キャンセル

Q商品別売上集計(期間指定)

商品コード	商品名	金額の合計
1010	バット（木製）	¥2,160,000
1020	バット（金属製）	¥255,000
1030	野球グローブ	¥1,069,200
2010	ゴルフクラブ	¥4,760,000
2020	ゴルフボール	¥108,000
2030	ゴルフシューズ	¥1,680,000
3010	スキー板	¥2,750,000
4010	テニスラケット	¥384,000

クエリによるデータの抽出と集計については 158ページ を check!

第8章 レポートによるデータの印刷

見栄えのする印刷
レポートを作ろう

テーブル、クエリのデータの体裁を整えて印刷したいな…

抽出したレコードを並べ替えて印刷できる！

宛名ラベルだって簡単に作成できる！

レポートによるデータの印刷については 182ページ を check!

第9章 便利な機能

頼もしい機能が充実
便利な機能を使いこなそう

ずいぶんAccessの使い方がわかってきたよ。ほかに知っておくと便利な機能ってないのかな？

レポートをPDFファイルとして保存すれば、閲覧用に配布するなど、活用方法もいろいろ！

既存のフォームやレポートを瞬時に表示するためのフォームが簡単に作成できる！

便利な機能については 230ページ を check!

はじめに

Microsoft Access 2016は、大量のデータをデータベースとして蓄積し、必要に応じてデータを抽出したり、集計したりできるリレーショナル・データベースソフトウェアです。

本書は、初めてAccessをお使いになる方を対象に、データを格納するテーブルの作成、クエリによる必要なデータの抽出、データ入力用のフォームの作成、データをレポートとして印刷など基本的な機能と操作方法をわかりやすく解説しています。

また、巻末には、Accessをご活用いただく際に便利な付録「ショートカットキー一覧」「データの正規化」を収録しています。

本書は、経験豊富なインストラクターが、日頃のノウハウをもとに作成しており、講習会や授業の教材としてご利用いただくほか、自己学習の教材としても最適なテキストとなっております。

本書を通して、Accessの知識を深め、実務にいかしていただければ幸いです。

本書を購入される前にご一読ください

本書は、2016年3月現在のAccess 2016(16.0.6528.1011)に基づいて解説しています。
Windows Updateによって機能が更新された場合には、本書の記載のとおりに操作できなくなる可能性があります。あらかじめご了承のうえ、ご購入・ご利用ください。

2016年5月1日
FOM出版

◆Microsoft、Access、Excel、Windowsは、米国Microsoft Corporationの米国およびその他の国における登録商標または商標です。
◆その他、記載されている会社名および製品などの名称は、各社の登録商標または商標です。
◆本文中では、TMや®は省略しています。
◆本文中のスクリーンショットは、マイクロソフトの許可を得て使用しています。
◆本文およびデータファイルで題材として使用している個人名、団体名、商品名、ロゴ、連絡先、メールアドレス、場所、出来事などは、すべて架空のものです。実在するものとは一切関係ありません。
◆本書に掲載されているテンプレートは、2016年3月現在のもので、予告なく変更される可能性があります。

Contents 目次

■**本書をご利用いただく前に** --- 1

■**第1章　Accessの基礎知識** ------------------------------------ 8

Check	この章で学ぶこと	9
Step1	**Accessの概要**	10
	●1　Accessの概要	10
	●2　データベースとデータベースソフトウェア	11
	●3　リレーショナル・データベース	12
Step2	**Accessを起動する**	13
	●1　Accessの起動	13
	●2　Accessのスタート画面	14
Step3	**データベースを開く**	16
	●1　データベースを開く	16
Step4	**Accessの画面構成**	19
	●1　Accessの画面構成	19
Step5	**データベースの構成要素と基本操作**	21
	●1　データベースオブジェクト	21
	●2　オブジェクトの役割	22
	●3　ナビゲーションウィンドウ	24
	●4　オブジェクトを開く	25
	●5　オブジェクトを閉じる	26
Step6	**データベースを閉じる**	28
	●1　データベースを閉じる	28
Step7	**Accessを終了する**	29
	●1　Accessの終了	29

■**第2章　データベースの設計と作成** ------------------------------30

Check	この章で学ぶこと	31
Step1	**データベース構築の流れを確認する**	32
	●1　データベース構築の流れ	32
Step2	**データベースを設計する**	33
	●1　データベースの設計	33
Step3	**データベースを新規に作成する**	35
	●1　作成するデータベースの確認	35
	●2　データベースの新規作成	35

i

■第3章　テーブルによるデータの格納 ------------------------------ 38

Check	この章で学ぶこと ……………………………………… 39
Step1	テーブルの概要 ……………………………… 40

●1 テーブルの概要 …………………………………40
●2 テーブルのビュー ……………………………………41

Step2	テーブルとフィールドを検討する ………………… 42

●1 テーブルの検討 …………………………………42
●2 フィールドの検討 ……………………………………43

Step3	商品マスターを作成する ……………………………… 45

●1 作成するテーブルの確認 ……………………………45
●2 テーブルの作成 …………………………………46
●3 デザインビューの画面構成 …………………………48
●4 フィールドの設定 ……………………………………49
●5 主キーの設定 …………………………………55
●6 テーブルの保存 …………………………………56
●7 ビューの切り替え ……………………………………57
●8 データシートビューの画面構成 ……………………58
●9 レコードの入力 …………………………………59
●10 フィールドの列幅の調整 ……………………………63
●11 上書き保存 …………………………………63
●12 テーブルを開く ……………………………………64

Step4	得意先マスターを作成する ………………………… 66

●1 作成するテーブルの確認 ……………………………66
●2 テーブルの作成 …………………………………67
●3 既存テーブルへのデータのインポート ……………68

Step5	売上データを作成する ……………………………… 74

●1 作成するテーブルの確認 ……………………………74
●2 新規テーブルへのデータのインポート ……………75
●3 フィールドの設定 ……………………………………79

■第4章　リレーションシップの作成 ------------------------------ 82

Check	この章で学ぶこと ……………………………………… 83
Step1	リレーションシップを作成する ………………… 84

●1 リレーションシップ …………………………………84
●2 リレーションシップの作成 …………………………85

ii

Contents

■第5章　クエリによるデータの加工 -------------------------------- 90

Check	この章で学ぶこと……………………………………………	91
Step1	クエリの概要 ………………………………………………	92

- ●1　クエリの概要…………………………………………………92
- ●2　クエリのビュー………………………………………………94

Step2　得意先電話帳を作成する ……………………………… 95

- ●1　作成するクエリの確認………………………………………95
- ●2　クエリの作成…………………………………………………95
- ●3　デザインビューの画面構成…………………………………98
- ●4　フィールドの登録……………………………………………99
- ●5　クエリの実行……………………………………………… 100
- ●6　並べ替え …………………………………………………… 101
- ●7　フィールドの入れ替え…………………………………… 102
- ●8　クエリの保存……………………………………………… 103

Step3　得意先マスターを作成する …………………………… 104

- ●1　作成するクエリの確認…………………………………… 104
- ●2　クエリの作成……………………………………………… 104

Step4　売上データを作成する ………………………………… 107

- ●1　作成するクエリの確認…………………………………… 107
- ●2　クエリの作成……………………………………………… 107
- ●3　演算フィールドの作成…………………………………… 110

■第6章　フォームによるデータの入力 ---------------------------- 114

Check	この章で学ぶこと……………………………………………	115
Step1	フォームの概要 ……………………………………………	116

- ●1　フォームの概要…………………………………………… 116
- ●2　フォームのビュー………………………………………… 117

Step2　商品マスターの入力画面を作成する ………………… 118

- ●1　作成するフォームの確認………………………………… 118
- ●2　フォームの作成…………………………………………… 118
- ●3　フォームビューの画面構成……………………………… 124
- ●4　データの入力 ……………………………………………… 125
- ●5　テーブルの確認…………………………………………… 128

Step3　商品マスターの入力画面を編集する ………………… 129

- ●1　編集するフォームの確認………………………………… 129
- ●2　レイアウトビューで開く………………………………… 130
- ●3　コントロールのサイズ変更……………………………… 131

Step4	**得意先マスターの入力画面を作成する**	……………………………	**132**
●1	作成するフォームの確認	………………………………	132
●2	フォームの作成	………………………………………	132
●3	データの入力	…………………………………………	135
●4	編集するフォームの確認	……………………………	136
●5	コントロールの削除	…………………………………	136
●6	コントロールのサイズ変更と移動	…………………	137
●7	コントロールの書式設定	……………………………	139
●8	コントロールのプロパティの設定	…………………	141
Step5	**売上データの入力画面を作成する**	…………………………	**145**
●1	作成するフォームの確認	………………………………	145
●2	フォームの作成	………………………………………	145
●3	データの入力	…………………………………………	147
●4	コントロールの書式設定	……………………………	149
●5	コントロールのプロパティの設定	…………………	150
●6	データの入力	…………………………………………	151
Step6	**担当者マスターの入力画面を作成する**	……………………	**156**
●1	作成するフォームの確認	………………………………	156
●2	フォームの作成	………………………………………	157

■第7章　クエリによるデータの抽出と集計 ----------------------- 158

Check	**この章で学ぶこと**	………………………………………	**159**
Step1	**条件に合致する得意先を抽出する**	…………………………	**160**
●1	レコードの抽出	………………………………………	160
●2	単一条件の設定	………………………………………	160
●3	二者択一の条件の設定	………………………………	162
●4	複合条件の設定（AND条件）	…………………………	163
●5	複合条件の設定（OR条件）	…………………………	164
●6	ワイルドカードの利用	………………………………	166
●7	パラメータークエリの作成	…………………………	168
Step2	**条件に合致する売上データを抽出する**	……………………	**170**
●1	比較演算子の利用	……………………………………	170
●2	Between And 演算子の利用	…………………………	172
●3	Between And 演算子を利用したパラメータークエリの作成	…	174
Step3	**売上データを集計する**	……………………………………	**176**
●1	売上データの集計	……………………………………	176
●2	Where条件の設定	……………………………………	179
●3	Where条件を利用したパラメータークエリの作成	………………	180

Contents

■第8章　レポートによるデータの印刷 ----------------------------- 182

Check	この章で学ぶこと	183
Step1	**レポートの概要**	**184**
	●1　レポートの概要	184
	●2　レポートのビュー	185
Step2	**商品マスターを印刷する**	**186**
	●1　作成するレポートの確認	186
	●2　レポートの作成	187
	●3　ビューの切り替え	192
	●4　レイアウトビューの画面構成	193
	●5　タイトルの変更	193
	●6　コントロールの書式設定	194
	●7　レポートの印刷	195
Step3	**得意先マスターを印刷する（1）**	**196**
	●1　作成するレポートの確認	196
	●2　レポートの作成	196
	●3　コントロールの配置の変更	201
Step4	**得意先マスターを印刷する（2）**	**204**
	●1　作成するレポートの確認	204
	●2　もとになるクエリの確認	205
	●3　レポートの作成	206
	●4　ビューの切り替え	209
	●5　デザインビューの画面構成	210
	●6　セクション間のコントロールの移動	211
Step5	**宛名ラベルを作成する**	**213**
	●1　作成するレポートの確認	213
	●2　もとになるクエリの確認	214
	●3　レポートの作成	215
Step6	**売上一覧表を印刷する（1）**	**219**
	●1　作成するレポートの確認	219
	●2　もとになるクエリの作成	220
	●3　レポートの作成	221
Step7	**売上一覧表を印刷する（2）**	**225**
	●1　作成するレポートの確認	225
	●2　もとになるクエリの確認	226
	●3　レポートの作成	226

■第9章　便利な機能 ---- 230

Check	この章で学ぶこと	231
Step1	ナビゲーションフォームを作成する	232
	●1　ナビゲーションフォーム	232
	●2　作成するナビゲーションフォームの確認	232
	●3　ナビゲーションフォームの作成	233
Step2	オブジェクトの依存関係を確認する	235
	●1　オブジェクトの依存関係	235
Step3	PDFファイルとして保存する	237
	●1　PDFファイル	237
	●2　PDFファイルの作成	237
Step4	テンプレートを利用する	240
	●1　テンプレートの利用	240

■総合問題 ---- 244

総合問題1　経費管理データベースの作成	245
総合問題2　受注管理データベースの作成	258

■付録1　ショートカットキー一覧 ---- 274

■付録2　データの正規化 ---- 276

Step1	データベースを設計する	277
	●1　データベースの設計	277
	●2　設計手順	277
Step2	データを正規化する	278
	●1　データの正規化	278

■索引 ---- 280

Introduction 本書をご利用いただく前に

本書で学習を進める前に、ご一読ください。

1 本書の記述について

操作の説明のために使用している記号には、次のような意味があります。

記述	意味	例
☐	キーボード上のキーを示します。	[Shift] [F12]
☐+☐	複数のキーを押す操作を示します。	[Ctrl]+[O] ([Ctrl]を押しながら[O]を押す)
《　》	ダイアログボックス名やタブ名、項目名など画面の表示を示します。	《添付ファイル》ダイアログボックスが表示されます。 《ホーム》タブを選択します。
「　」	重要な語句や機能名、画面の表示、入力する文字列などを示します。	「データベース」といいます。 「バット（木製）」と入力します。

 知っておくべき重要な内容

 知っていると便利な内容

 学習の前に開くファイル

※ 補足的な内容や注意すべき内容

Let's Try 学習した内容の確認問題

Let's Try Answer 確認問題の答え

 問題を解くためのヒント

2 製品名の記載について

本書では、次の名称を使用しています。

正式名称	本書で使用している名称
Windows 10	Windows 10 または Windows
Microsoft Office 2016	Office 2016 または Office
Microsoft Access 2016	Access 2016 または Access
Microsoft Excel 2016	Excel 2016 または Excel
Microsoft Word 2016	Word 2016 または Word

3 効果的な学習の進め方について

本書の各章は、次のような流れで学習を進めると、効果的な構成になっています。

1 学習目標を確認

学習を始める前に、「この章で学ぶこと」で学習目標を確認しましょう。
学習目標を明確にすることによって、習得すべきポイントが整理できます。

2 章の確認

学習目標を意識しながら、Accessの機能や操作を学習しましょう。

3 学習成果をチェック

章の始めの「この章で学ぶこと」に戻って、学習目標を達成できたかどうかをチェックしましょう。
十分に習得できなかった内容については、該当ページを参照して復習するとよいでしょう。

4 総合問題にチャレンジ

すべての章の学習が終わったあと、「総合問題」にチャレンジしましょう。
本書の内容がどれくらい理解できているかを把握できます。

本書をご利用いただく前に

3

4 学習環境について

本書を学習するには、次のソフトウェアが必要です。

> ●Access 2016
> ●Excel 2016

本書を開発した環境は、次のとおりです。
- OS：Windows 10（ビルド10586.71）
- アプリケーションソフト：Microsoft Office Professional Plus 2016(16.0.6528.1011)
- ディスプレイ：画面解像度　1024×768ピクセル

※インターネットに接続できる環境で学習することを前提に記述しています。
※環境によっては、画面の表示が異なる場合や記載の機能が操作できない場合があります。

◆画面解像度の設定

画面解像度を本書と同様に設定する方法は、次のとおりです。
①デスクトップの空き領域を右クリックします。
②《ディスプレイ設定》をクリックします。
③《ディスプレイの詳細設定》をクリックします。
④《解像度》の　をクリックし、一覧から《1024×768》を選択します。
⑤《適用》をクリックします。
※確認メッセージが表示される場合は、《変更の維持》をクリックします。

◆ボタンの形状

ディスプレイの画面解像度やウィンドウのサイズなど、お使いの環境によって、ボタンの形状やサイズが異なる場合があります。ボタンの操作は、ポップヒントに表示されるボタン名を確認してください。

※本書に掲載しているボタンは、ディスプレイの画面解像度を「1024×768ピクセル」、ウィンドウを最大化した環境を基準にしています。

5 学習ファイルのダウンロードについて

本書で使用するファイルは、FOM出版のホームページで提供しています。
ダウンロードしてご利用ください。

ホームページ・アドレス

> http://www.fom.fujitsu.com/goods/

ホームページ検索用キーワード

> FOM出版

本書をご利用いただく前に

◆ダウンロード
学習ファイルをダウンロードする方法は、次のとおりです。
① ブラウザーを起動し、FOM出版のホームページを表示します。
※アドレスを直接入力するか、キーワードでホームページを検索します。
②《ダウンロード》をクリックします。
③《アプリケーション》の《Access》をクリックします。
④《Access 2016 基礎　FPT1602》をクリックします。
⑤「fpt1602.zip」をクリックします。
⑥ ダウンロードが完了したら、ブラウザーを終了します。
※ダウンロードしたファイルは、パソコン内のフォルダー「ダウンロード」に保存されます。

◆ダウンロードしたファイルの解凍
ダウンロードしたファイルは圧縮されているので、解凍（展開）します。ダウンロードしたファイル「fpt1602.zip」を《ドキュメント》に解凍する方法は、次のとおりです。

①デスクトップ画面を表示します。
②タスクバーの ■ （エクスプローラー）をクリックします。

③《ダウンロード》をクリックします。
※《ダウンロード》が表示されていない場合は、《PC》をダブルクリックします。
④ファイル「fpt1602.zip」を右クリックします。
⑤《すべて展開》をクリックします。

⑥《参照》をクリックします。

⑦《ドキュメント》をクリックします。

※《ドキュメント》が表示されていない場合は、《PC》をダブルクリックします。

⑧《フォルダーの選択》をクリックします。

⑨《ファイルを下のフォルダーに展開する》が「C:¥Users¥（ユーザー名）¥Documents」に変更されます。

⑩《完了時に展開されたファイルを表示する》を☑にします。

⑪《展開》をクリックします。

⑫ファイルが解凍され、《ドキュメント》が開かれます。

⑬フォルダー「Access2016基礎」が表示されていることを確認します。

※すべてのウィンドウを閉じておきましょう。

◆学習ファイルの一覧

フォルダー「Access2016基礎」には、学習ファイルが入っています。タスクバーの ■ (エクスプローラー)→《PC》→《ドキュメント》をクリックし、一覧からフォルダーを開いて確認してください。

◆学習ファイルの場所

本書では、学習ファイルの場所を《ドキュメント》内のフォルダー「Access2016基礎」としています。《ドキュメント》以外の場所に解凍した場合は、フォルダーを読み替えてください。

◆学習ファイル利用時の注意事項

ダウンロードした学習ファイルを開く際、そのファイルが安全かどうかを確認するメッセージが表示される場合があります。学習ファイルは安全なので、《編集を有効にする》をクリックして、編集可能な状態にしてください。

6 本書の最新情報について

本書に関する最新のQ&A情報や訂正情報、重要なお知らせなどについては、FOM出版のホームページでご確認ください。

ホームページ・アドレス

http://www.fom.fujitsu.com/goods/

ホームページ検索用キーワード

FOM出版

第1章

Chapter 1

Accessの基礎知識

Check	この章で学ぶこと	9
Step1	Accessの概要	10
Step2	Accessを起動する	13
Step3	データベースを開く	16
Step4	Accessの画面構成	19
Step5	データベースの構成要素と基本操作	21
Step6	データベースを閉じる	28
Step7	Accessを終了する	29

Chapter 1

この章で学ぶこと

学習前に習得すべきポイントを理解しておき、
学習後には確実に習得できたかどうかを振り返りましょう。

1 Accessで何ができるかを説明できる。
→ P.10

2 データベースとデータベースソフトウェアについて説明できる。
→ P.11

3 リレーショナル・データベースについて説明できる。
→ P.12

4 Accessを起動できる。
→ P.13

5 既存のデータベースを開くことができる。
→ P.16

6 Accessの画面の各部の名称や役割を説明できる。
→ P.19

7 データベースオブジェクトについて説明できる。
→ P.21

8 オブジェクトの役割を理解し、使い分けることができる。
→ P.22

9 ナビゲーションウィンドウの各部の名称や役割を説明できる。
→ P.24

10 オブジェクトを開くことができる。
→ P.25

11 オブジェクトを閉じることができる。
→ P.26

12 データベースを閉じることができる。
→ P.28

13 Accessを終了できる。
→ P.29

Step1 Accessの概要

1 Accessの概要

Accessは、大量のデータをデータベースとして蓄積し、必要に応じてデータを抽出したり集計したりできるリレーショナル・データベースソフトウェアです。
例えば、「取引高10万円以上の得意先を抽出する」「売上に関するデータを月別・支店別に集計する」といったことができます。

目的に応じて欲しいデータが得られます

2 データベースとデータベースソフトウェア

「**データベース**」とは、特定のテーマや目的にそって集められたデータの集まりです。
例えば、「**商品台帳**」「**得意先名簿**」「**売上伝票**」のように関連する情報をひとまとめにした帳簿などがデータベースです。

「**データベースソフトウェア**」とは、データベースを作成し、管理するためのソフトウェアです。帳簿などの紙で管理していたデータをコンピューターで管理すると、より有効に活用できるようになります。

3 リレーショナル・データベース

「リレーショナル・データベース」とは、データを目的ごとに分類した表で管理し、それぞれの表を相互に関連付けたデータベースのことです。

例えば、「売上伝票」を作成する場合、データを「売上データ」「得意先」「商品」の3つの表に分類し、それぞれに該当するデータを蓄積します。その際、得意先コードや商品コードなどを利用してそれぞれの表を関連付けると、効率よくデータの入力や更新ができるだけでなく、ディスク容量を節約できるという利点があります。

リレーショナル・データベースを作成し、管理するソフトウェアを「リレーショナル・データベースソフトウェア」といいます。Accessは、リレーショナル・データベースソフトウェアに分類されます。

●売上伝票

受注番号	売上日	得意先コード	得意先名	商品コード	商品名	単価	数量	金額
1	2016/11/05	120	みらいデパート	1003	シュガー入れ	¥3,800	6	¥22,800
2	2016/11/05	130	ガラスの花田	1001	コーヒーカップ	¥2,500	10	¥25,000
3	2016/11/06	140	ヨコハマ販売	1001	コーヒーカップ	¥2,500	8	¥20,000
4	2016/11/07	110	富士工芸	1004	ディナー皿	¥2,800	5	¥14,000
5	2016/11/07	110	ふじ工芸	1001	コーヒーカップ	¥2,500	15	¥37,500

データの入力ミスが発生しやすい

データが重複するため、ディスク容量に無駄が増える

リレーショナル・データベースを作成すると

●売上データ

受注番号	売上日	得意先コード	商品コード	数量	金額
1	2016/11/05	120	1003	6	¥22,800
2	2016/11/05	130	1001	10	¥25,000
3	2016/11/06	140	1001	8	¥20,000
4	2016/11/07	110	1004	5	¥14,000
5	2016/11/07	110	1001	15	¥37,500

得意先名や商品名を入力する必要がない

関連付け　　　　　　　　　　　関連付け

●得意先

得意先コード	得意先名	〒	住所	電話番号
110	富士工芸	231-0051	神奈川県横浜市中区赤門町	045-227-XXXX
120	みらいデパート	230-0001	神奈川県横浜市鶴見区矢向	045-551-XXXX
130	ガラスの花田	169-0071	東京都新宿区戸塚町	03-3456-XXXX
140	ヨコハマ販売	227-0062	神奈川県横浜市青葉区青葉台	045-981-XXXX

●商品

商品コード	商品名	単価
1001	コーヒーカップ	¥2,500
1002	ポット	¥6,000
1003	シュガー入れ	¥3,800
1004	ディナー皿	¥2,800

Step2 Accessを起動する

1 Accessの起動

スタートメニューからAccessを起動しましょう。

① ⊞ をクリックします。
スタートメニューが表示されます。
②《すべてのアプリ》をクリックします。

③《Access 2016》をクリックします。

Accessが起動し、Accessのスタート画面が表示されます。
④タスクバーに A≣ が表示されていることを確認します。
※ウィンドウが最大化されていない場合は、▢ (最大化)をクリックしておきましょう。

2 Accessのスタート画面

Accessが起動すると、「**スタート画面**」が表示されます。
スタート画面でこれから行う作業を選択します。スタート画面を確認しましょう。

❶最近使ったファイル
最近開いたデータベースがある場合、その一覧が表示されます。
一覧から選択すると、データベースが開かれます。

❷他のファイルを開く
すでに保存済みのデータベースを開く場合に使います。

❸空のデスクトップデータベース
新しいデータベースを作成します。
テーブルなどが何も存在しない空のデータベースが表示されます。

❹その他のデータベース
新しいデータベースを作成します。
あらかじめテーブルやクエリ、フォーム、レポートなどが用意されているデータベースが表示されます。

❺検索ボックス
あらかじめテーブルやクエリ、フォーム、レポートなどが用意されているデータベースをインターネット上から検索する場合に使います。

❻Officeにサインイン
個人を識別するアカウントを使ってOfficeにサインインします。複数のパソコンでデータベースを共有する場合や、インターネット上でデータベースを利用する場合に使います。
※サインインしなくても、Accessは利用できます。

> **POINT ▶▶▶**
> **サインイン・サインアウト**
> 「サインイン」とは、正規のユーザーであることを証明し、サービスを利用できる状態にする操作です。
> 「サインアウト」とは、サービスの利用を終了する操作です。

14

Access 2016のファイル形式

Access 2016でデータベースを作成・保存すると、自動的に拡張子「.accdb」が付きます。
Access 2003以前のバージョンで作成・保存されているデータベースの拡張子は「.mdb」で、ファイル形式が異なります。
ファイルの拡張子は、Access 97/2000/2002/2003の各バージョンでは「.mdb」でしたが、Access 2007/2010/2013/2016では「.accdb」になっています。

ファイルの拡張子の表示

Windowsの設定によって、拡張子は表示されない場合があります。
拡張子を表示する方法は、次のとおりです。

◆《スタート》を右クリック→《コントロールパネル》→《デスクトップのカスタマイズ》→《エクスプローラーのオプション》→《表示》タブ→《詳細設定》の《☐登録されている拡張子は表示しない》

※本書では、拡張子を表示しています。

Step3 データベースを開く

1 データベースを開く

既存のデータベースを表示することを「データベースを開く」といいます。
Accessのスタート画面からデータベース「売上管理（完成）」を開きましょう。

①Accessのスタート画面が表示されていることを確認します。

②《他のファイルを開く》をクリックします。

データベースが保存されている場所を選択します。

③《参照》をクリックします。

《ファイルを開く》ダイアログボックスが表示されます。

④左側の一覧から《ドキュメント》を選択します。

※《ドキュメント》が表示されていない場合は、《PC》をダブルクリックします。

⑤右側の一覧から「Access2016基礎」を選択します。

⑥《開く》をクリックします。

開くデータベースを選択します。
⑦一覧から**「売上管理(完成).accdb」**を選択します。
⑧**《開く》**をクリックします。

データベースが開かれます。
⑨タイトルバーにデータベース名が表示されていることを確認します。
⑩**《セキュリティの警告》**メッセージバーの**《コンテンツの有効化》**をクリックします。

 POINT ▶▶▶

データベースを開く
Accessを起動した状態で、既存のデータベースを開く方法は、次のとおりです。
◆《ファイル》タブ→《開く》

POINT ▶▶▶

セキュリティの警告

ウイルスを含むデータベースを開くと、パソコンがウイルスに感染し、システムが正常に動作しなくなったり、データベースが破壊されたりすることがあります。
Accessではデータベースを開くと、メッセージバーに次のようなセキュリティに関する警告が表示されます。

データベースの発行元が信頼できるなど、安全であることがわかっている場合は、《セキュリティの警告》メッセージバーの《コンテンツの有効化》をクリックします。インターネットからダウンロードしたデータベースなど、作成者の不明なデータベースはウイルスの危険が否定できないため、《コンテンツの有効化》をクリックしない方がよいでしょう。

信頼できる場所の追加

特定のフォルダーを信頼できる場所として設定してそのフォルダーにデータベースを入れておくと、毎回セキュリティの警告を表示せずにデータベースを開くことができます。

◆《ファイル》タブ→《オプション》→左側の一覧から《セキュリティセンター》を選択→《セキュリティセンターの設定》→左側の一覧から《信頼できる場所》を選択→《新しい場所の追加》→《パス》を設定

Step 4 Accessの画面構成

1 Accessの画面構成

Accessの画面構成を確認しましょう。

❶**タイトルバー**

データベース名が表示されます。

❷**クイックアクセスツールバー**

よく使うコマンド（作業を進めるための指示）を登録できます。初期の設定では、🖫（上書き保存）、⤺（元に戻す）、⤻（やり直し）の3つのコマンドが登録されています。

※タッチ対応のパソコンの場合は、🖫（上書き保存）、⤺（元に戻す）、⤻（やり直し）、👆（タッチ/マウスモードの切り替え）の4つのコマンドが登録されています。

❸**リボン**

コマンドを実行するときに使います。関連する機能ごとに、タブに分類されています。

❹**Microsoft Accessヘルプ**

Access 2016の機能や操作方法を検索するときに使います。

❺ウィンドウの操作ボタン

　　(最小化)
ウィンドウが一時的に非表示になり、タスクバーにアイコンで表示されます。

　　(元に戻す(縮小))
ウィンドウが元のサイズに戻ります。

※　　(最大化)
　ウィンドウを元のサイズに戻すと、　　(元に戻す(縮小))から　　(最大化)に切り替わります。クリックすると、ウィンドウが最大化されて、画面全体に表示されます。

　　(閉じる)
Accessを終了します。

❻操作アシスト

機能や用語の意味を調べたり、リボンから探し出せないコマンドをダイレクトに実行したりするときに使います。

❼ナビゲーションウィンドウ

オブジェクトの一覧が表示されます。

❽タブ

オブジェクトの表示を切り替えるときに使います。

❾オブジェクトウィンドウ

ナビゲーションウィンドウで選択したオブジェクトを表示したり、編集したりするときに使います。

❿スクロールバー

オブジェクトウィンドウの表示領域を移動するときに使います。

⓫ステータスバー

ビューの名前や現在の作業状況、処理手順などが表示されます。

⓬ビュー切り替えボタン

ビューを切り替えるときに使います。

操作アシスト

Access 2016の新機能として、ヘルプ機能を強化した「操作アシスト」が追加されました。操作アシストを使うと、機能や用語の意味を調べるだけでなく、リボンから探し出せないコマンドをダイレクトに実行することもできます。
操作アシストを使って、コマンドをダイレクトに実行する方法は、次のとおりです。

◆《実行したい作業を入力してください》に検索する文字を入力→一覧からコマンドを選択

20

Step5 データベースの構成要素と基本操作

1 データベースオブジェクト

Accessのひとつのデータベースは、**「データベースオブジェクト」**から構成されています。Accessのデータベースはデータベースオブジェクトを格納するための入れ物のようなものととらえるとよいでしょう。

データベースオブジェクトは**「オブジェクト」**ともいい、次のような種類があります。

●テーブル
●クエリ
●フォーム
●レポート
●マクロ
●モジュール

2 オブジェクトの役割

オブジェクトにはそれぞれ役割があります。その役割を理解することがデータベースを構築するうえで重要です。

●テーブル

データを「**格納**」するためのオブジェクトです。

得意先コード	得意先名	フリガナ	〒	住所1	住所2	TEL	担当者コード	DM
10010	丸の内商事	マルノウチショウジ	100-0005	東京都千代田区丸の内2-X-X	第3千代田ビル	03-3211-XXXX	110	☑
10020	富士スポーツ	フジスポーツ	100-0005	東京都千代田区丸の内1-X-X	東商ビル	03-3213-XXXX	140	☐
10030	さくらテニス	サクラテニス	111-0031	東京都台東区千束1-X-X	大手町フラワービル7F	03-3244-XXXX	110	☐
10040	スター広告社	スターコウコクシャ	176-0002	東京都練馬区桜台3-X-X		03-3286-XXXX	130	☐
10050	足立スポーツ	アダチスポーツ	131-0033	東京都墨田区向島1-X-X	足立ビル11F	03-3588-XXXX	150	☑
10060	関西販売	カンサイハンバイ	108-0075	東京都港区港南5-X-X	江戸ビル	03-5000-XXXX	150	☑
10070	山岡ゴルフ	ヤマオカゴルフ	100-0004	東京都千代田区大手町1-X-X	大手町第一ビル	03-3262-XXXX	110	☑
10080	日高販売店	ヒダカハンバイテン	100-0005	東京都千代田区丸の内2-X-X	平ビル	03-5252-XXXX	140	☐
10090	大江戸販売	オオエドハンバイ	100-0013	東京都千代田区霞が関2-X-X	大江戸ビル6F	03-5522-XXXX	110	☑
10100	山の手スポーツ用品	ヤマノテスポーツヨウヒン	103-0027	東京都中央区日本橋1-X-X	日本橋ビル	03-3297-XXXX	120	☑
10110	海山商事	ウミヤマショウジ	102-0083	東京都千代田区麹町3-X-X	NHビル	03-3299-XXXX	120	☑
10120	山猫スポーツ	ヤマネコスポーツ	102-0082	東京都千代田区一番町5-X-X	ヤマネコガーデン4F	03-3388-XXXX	150	☑
10130	サイトウスポーツ	サイトウスポーツ	105-0001	東京都港区虎ノ門4-X-X	虎ノ門ビル17F	03-5555-XXXX	140	☑
10140	富士商事	フジショウジ	106-0031	東京都港区西麻布4-X-X		03-3330-XXXX	120	☐
10150	長治クラブ	チョウジクラブ	104-0032	東京都中央区八丁堀3-X-X	長治ビル	03-3766-XXXX	150	☑
10160	みどりテニス	ミドリテニス	150-0047	東京都渋谷区神山町1-XX		03-5688-XXXX	120	☐
10170	東京富士販売	トウキョウフジハンバイ	150-0046	東京都渋谷区松濤1-X-X	渋谷第2ビル	03-3888-XXXX	120	☐
10180	いろは通信販売	イロハツウシンハンバイ	151-0063	東京都渋谷区富ヶ谷2-X-X		03-5553-XXXX	130	☑
10190	目黒野球用品	メグロヤキュウヨウヒン	169-0071	東京都新宿区戸塚町1-X-X	目黒野球用品本社ビル	03-3532-XXXX	130	☑
10200	ミズホ販売	ミズホハンバイ	162-0811	東京都新宿区水道町5-X-X	水道橋大通ビル	03-3111-XXXX	130	☑
10210	富士デパート	フジデパート	160-0001	東京都新宿区片町1-X-X	片町第6ビル	03-3203-XXXX	130	☑
10220	富士スポーツクラブ	フジスポーツクラブ	135-0063	東京都江東区有明1-X-X	有明SSビル7F	03-3367-XXXX	130	☑
10230	スポーツスクエア鳥居	スポーツスクエアトリイ	142-0053	東京都品川区中延5-X-X		03-3389-XXXX	150	☑
10240	東販売サービス	ヒガシハンバイサービス	143-0013	東京都大田区大森南3-X-X	大森ビル11F	03-3145-XXXX	150	☐
10250	富士通信販売	フジツウシンハンバイ	175-0093	東京都板橋区赤塚新町2-X-X	富士通信ビル	03-3212-XXXX	120	☑
20010	スポーツ富士	スポーツフジ	236-0021	神奈川県横浜市金沢区泥亀2-X-X		045-788-XXXX	140	☑
20020	つるたスポーツ	ツルタスポーツ	231-0051	神奈川県横浜市中区赤門町2-X-X		045-242-XXXX	110	☑
20030	富士スポーツ用品	フジスポーツヨウヒン	231-0045	神奈川県横浜市中区伊勢佐木町3-X-X	伊勢佐木モール	045-261-XXXX	150	☐
20040	浜辺スポーツ店	ハマベスポーツテン	221-0012	神奈川県横浜市神奈川区子安台1-X-X	子安台フルハートビル	045-421-XXXX	140	☑
30010	富士販売センター	フジハンバイセンター	264-0021	千葉県千葉市若葉区愛生町5-XX		043-228-XXXX	120	☑
30020	テニスショップ富士	テニスショップフジ	261-0012	千葉県千葉市美浜区磯辺4-X-X		043-278-XXXX	120	☐
40010	こあらスポーツ	コアラスポーツ	358-0002	埼玉県入間市東町1-X-X		04-2900-XXXX	110	☐
40020	草場スポーツ	クサバスポーツ	350-0001	埼玉県川越市古谷上1-X-X	川越ガーデンビル	049-233-XXXX	140	☑

レコード: 1 / 33　フィルターなし　検索

●クエリ

データを「**加工**」するためのオブジェクトです。

データの抽出、集計、分析などができます。

フリガナ	得意先名	TEL
アダチスポーツ	足立スポーツ	03-3588-XXXX
イロハツウシンハンバイ	いろは通信販売	03-5553-XXXX
ウミヤマショウジ	海山商事	03-3299-XXXX
オオエドハンバイ	大江戸販売	03-5522-XXXX
カンサイハンバイ	関西販売	03-5000-XXXX
クサバスポーツ	草場スポーツ	049-233-XXXX
コアラスポーツ	こあらスポーツ	04-2900-XXXX
サイトウスポーツ	サイトウスポーツ	03-5555-XXXX
サクラテニス	さくらテニス	03-3244-XXXX
スターコウコクシャ	スター広告社	03-3286-XXXX
スポーツスクエアトリイ	スポーツスクエア鳥居	03-3389-XXXX
スポーツフジ	スポーツ富士	045-788-XXXX
チョウジクラブ	長治クラブ	03-3766-XXXX
ツルタスポーツ	つるたスポーツ	045-242-XXXX
テニスショップフジ	テニスショップ富士	043-278-XXXX
トウキョウフジハンバイ	東京富士販売	03-3888-XXXX
ハマベスポーツテン	浜辺スポーツ店	045-421-XXXX
ヒガシハンバイサービス	東販売サービス	03-3145-XXXX
ヒダカハンバイテン	日高販売店	03-5252-XXXX
フジショウジ	富士商事	03-3330-XXXX
フジスポーツ	富士スポーツ	03-3213-XXXX
フジスポーツクラブ	富士スポーツクラブ	03-3367-XXXX
フジスポーツヨウヒン	富士スポーツ用品	045-261-XXXX
フジツウシンハンバイ	富士通信販売	03-3212-XXXX
フジデパート	富士デパート	03-3203-XXXX
フジハンバイセンター	富士販売センター	043-228-XXXX
マルノウチショウジ	丸の内商事	03-3211-XXXX
ミズホハンバイ	ミズホ販売	03-3111-XXXX
ミドリテニス	みどりテニス	03-5688-XXXX
メグロヤキュウヨウヒン	目黒野球用品	03-3532-XXXX
ヤマオカゴルフ	山岡ゴルフ	03-3262-XXXX
ヤマネコスポーツ	山猫スポーツ	03-3388-XXXX
ヤマノテスポーツヨウヒン	山の手スポーツ用品	03-3297-XXXX

レコード: 1 / 33　フィルターなし　検索

22

●フォーム

データを「入力」したり、「更新」したりするためのオブジェクトです。

●レポート

データを「印刷」するためのオブジェクトです。

データを一覧で印刷する以外に、宛名ラベルや伝票、はがきなど様々な形式で印刷できます。

●マクロ

複雑な操作や繰り返し行う操作を自動化するためのオブジェクトです。

●モジュール

マクロでは作成できない複雑かつ高度な処理を行うためのオブジェクトです。

3 ナビゲーションウィンドウ

新規にデータベースを作成したり、既存のデータベースを開いたりするとナビゲーションウィンドウが表示されます。
各部の名称と役割を確認しましょう。

❶ メニュー

ナビゲーションウィンドウに表示されるオブジェクトのカテゴリやグループを変更できます。表示されるオブジェクトのカテゴリやグループを変更するには、メニューをクリックして一覧から選択します。

❷ « （シャッターバーを開く/閉じるボタン）

ナビゲーションウィンドウが一時的に非表示になります。
バーの « をクリックすると » に切り替わり、ナビゲーションウィンドウが非表示になります。 » をクリックすると、ナビゲーションウィンドウが表示されます。

❸ 検索バー

ナビゲーションウィンドウに表示されているオブジェクトを検索することができます。
※表示されていない場合は、メニューを右クリックし、《検索バー》をクリックすると表示されます。

❹ グループ

初期の設定で、オブジェクトの種類ごとにバーが表示されます。
バーの ⌃ をクリックすると ⌄ に切り替わり、グループが非表示になります。 ⌄ をクリックすると、グループが表示されます。

❺ データベースオブジェクト

テーブルやクエリ、フォーム、レポートなど、データベース内のオブジェクトが表示されます。

4 オブジェクトを開く

既存のオブジェクトをオブジェクトウィンドウに表示することを**「オブジェクトを開く」**といいます。

テーブル**「T商品マスター」**を開きましょう。

①ナビゲーションウィンドウの**「T商品マスター」**をダブルクリックします。

オブジェクトウィンドウにオブジェクトが開かれます。

②タブにオブジェクト名が表示されていることを確認します。

オブジェクトウィンドウ

その他の方法（オブジェクトを開く）

◆ナビゲーションウィンドウのオブジェクトを右クリック→《開く》

オブジェクトウィンドウ

オブジェクトウィンドウは、開いているオブジェクトの種類によって名称が異なります。例えば、テーブルを開いているときは「テーブルウィンドウ」、クエリを開いているときは「クエリウィンドウ」になります。

5 オブジェクトを閉じる

開いているオブジェクトの作業を終了することを**「オブジェクトを閉じる」**といいます。
テーブル**「T商品マスター」**を閉じましょう。

①テーブルウィンドウの × （'T商品マスター'を閉じる）をクリックします。

テーブルが閉じられます。

 その他の方法（オブジェクトを閉じる）

◆タブを右クリック→《閉じる》
◆ Ctrl + W

Let's Try　ためしてみよう

①クエリ「Q得意先電話帳」を開いて、内容を確認しましょう。確認したらオブジェクトを閉じましょう。

② フォーム「F得意先マスター」を開いて、内容を確認しましょう。確認したらオブジェクトを閉じましょう。

③ レポート「R得意先マスター(五十音順)」を開いて、内容を確認しましょう。確認したらオブジェクトを閉じましょう。

Let's Try Answer

①
①ナビゲーションウィンドウのクエリ「Q得意先電話帳」をダブルクリック
②クエリウィンドウの × ('Q得意先電話帳'を閉じる)をクリック

②
①ナビゲーションウィンドウのフォーム「F得意先マスター」をダブルクリック
②フォームウィンドウの × ('F得意先マスター'を閉じる)をクリック

③
①ナビゲーションウィンドウのレポート「R得意先マスター(五十音順)」をダブルクリック
②レポートウィンドウの × ('R得意先マスター(五十音順)'を閉じる)をクリック

データベースを閉じる

1 データベースを閉じる

開いているデータベースの作業を終了することを「**データベースを閉じる**」といいます。
データベース「**売上管理(完成)**」を閉じましょう。

①《ファイル》タブを選択します。

②《閉じる》をクリックします。

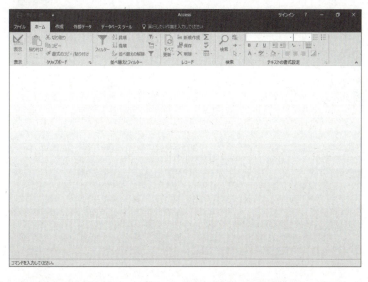

データベースが閉じられます。
③タイトルバーからデータベース名が消えていることを確認します。

Step 7 Accessを終了する

1 Accessの終了

Accessを終了しましょう。

① ✕ (閉じる)をクリックします。

Accessのウィンドウが閉じられ、デスクトップが表示されます。
② タスクバーから が消えていることを確認します。

> **その他の方法（Accessの終了）**
> ◆ Alt + F4

第2章

Chapter 2

データベースの
設計と作成

Check	この章で学ぶこと	31
Step1	データベース構築の流れを確認する	32
Step2	データベースを設計する	33
Step3	データベースを新規に作成する	35

Chapter 2

この章で学ぶこと

学習前に習得すべきポイントを理解しておき、
学習後には確実に習得できたかどうかを振り返りましょう。

| 1 | データベース構築の流れを説明できる。 | ☐☐☐ → P.32 |

| 2 | データベースの設計について説明できる。 | ☐☐☐ → P.33 |

| 3 | データベースを新規に作成できる。 | ☐☐☐ → P.35 |

Step 1 データベース構築の流れを確認する

1 データベース構築の流れ

Accessでデータベースを構築する基本的な手順は、次のとおりです。

1 データベースを設計する

データベースの目的を明確にし、印刷結果や入力項目を考え、テーブルを設計します。

2 データベースを新規に作成する

各オブジェクトをまとめて格納するためのデータベースを作成します。

3 テーブルを作成する

テーマごとにデータを分類して格納します。

4 リレーションシップを作成する

複数に分けたテーブル間の共通フィールドを関連付けます。

5 クエリを作成する

必要なフィールドを組み合わせて仮想テーブルを編成します。
テーブルから条件に合うデータを抽出したり、データを集計したりします。

6 フォームを作成する

データを入力するための画面を作成します。

7 レポートを作成する

データを見栄えのするように印刷します。データを並べ替えて印刷したり、宛名ラベルとして印刷したりします。

Step2 データベースを設計する

1 データベースの設計

データベースを構築する前に、どのような用途で利用するのか目的を明確にしておきましょう。目的に合わせた印刷結果や、その結果を得るために必要となる入力項目などを決定し、それをもとに合理的にテーブルを設計します。

1 目的を明確にする

業務の流れを分析し、売上管理、顧客管理など、データベースの目的を明確にします。

2 印刷結果や入力項目を考える

最終的に必要となる印刷結果のイメージと、それに合わせた入力項目を決定します。

●印刷結果

売上一覧表

売上番号	売上日	得意先コード	得意先名	商品コード	商品名	単価	数量	金額
1	2016/04/01	10010	丸の内商事	1020	バット(金属製)	¥15,000	5	¥75,000
2	2016/04/01	10220	富士スポーツクラブ	2030	ゴルフシューズ	¥28,000	3	¥84,000
3	2016/04/04	20020	つるたスポーツ	3020	スキーブーツ	¥23,000	5	¥115,000
4	2016/04/04	10240	東販売サービス	1010	バット(木製)	¥18,000	4	¥72,000
5	2016/04/05	10020	富士スポーツ	3010	スキー板	¥55,000	10	¥550,000

●入力項目

売上伝票入力

売上番号	1
売上日	2016/04/01
得意先コード	10010
得意先名	丸の内商事
商品コード	1020
商品名	バット(金属製)
単価	¥15,000
数量	5
金額	¥75,000

3 テーブルを設計する

決定した入力項目をもとに、テーブルを設計します。テーブル同士は共通の項目で関連付け、必要に応じてデータを参照させることができます。各入力項目を分類してテーブルを分けることで、重複するデータ入力を避け、ディスク容量の無駄や入力ミスなどが起こりにくいデータベースを構築できます。

●売上伝票

売上番号	売上日	得意先コード	得意先名	商品コード	商品名	単価	数量	金額
1	2016/04/01	10010	丸の内商事	1020	バット(金属製)	¥15,000	5	¥75,000
2	2016/04/01	10220	富士スポーツクラブ	2030	ゴルフシューズ	¥28,000	3	¥84,000
3	2016/04/04	20020	つるたスポーツ	3020	スキーブーツ	¥23,000	5	¥115,000
4	2016/04/04	10240	東販売サービス	1010	バット(木製)	¥18,000	4	¥72,000
5	2016/04/05	10020	富士スポーツ	3010	スキー板	¥55,000	10	¥550,000

分類して別のテーブルに分け、参照する

分類して別のテーブルに分け、参照する

●得意先マスター

得意先コード	得意先名
10010	丸の内商事
10020	富士スポーツ
10030	さくらテニス
10040	スター広告社
10050	足立スポーツ

●売上データ

売上番号	売上日	得意先コード	商品コード	数量
1	2016/04/01	10010	1020	5
2	2016/04/01	10220	2030	3
3	2016/04/04	20020	3020	5
4	2016/04/04	10240	1010	4
5	2016/04/05	10020	3010	10

●商品マスター

商品コード	商品名	単価
1010	バット(木製)	¥18,000
1020	バット(金属製)	¥15,000
1030	野球グローブ	¥19,800
2010	ゴルフクラブ	¥68,000
2020	ゴルフボール	¥1,200

関連付け

関連付け

Step3 データベースを新規に作成する

1 作成するデータベースの確認

本書で作成する「売上管理.accdb」の概要は、次のとおりです。

●目的
あるスポーツ用品の卸業者を例に、次のデータを管理します。

●商品に関するデータ（商品コード、商品名、単価など）
●担当者に関するデータ（担当者コード、担当者名）
●得意先に関するデータ（得意先コード、得意先名、住所など）
●売上に関するデータ（売上日、得意先コード、商品コード、数量など）

●テーブルの設計
次の4つのテーブルに分類して、データを格納します。

2 データベースの新規作成

Accessを起動し、「売上管理.accdb」という名前のデータベースを新規に作成しましょう。

①Accessを起動し、Accessのスタート画面を表示します。
②《空のデスクトップデータベース》をクリックします。

《空のデスクトップデータベース》が表示されます。

③《ファイル名》の ▭ (データベースの保存場所を指定します) をクリックします。

《新しいデータベース》ダイアログボックスが表示されます。
データベースを保存する場所を選択します。

④左側の一覧から《ドキュメント》を選択します。

※《ドキュメント》が表示されていない場合は、《PC》をダブルクリックします。

⑤右側の一覧から「Access2016基礎」を選択します。

⑥《開く》をクリックします。

⑦《ファイル名》に「売上管理.accdb」と入力します。

※「.accdb」は省略できます。

⑧《OK》をクリックします。

36

《空のデスクトップデータベース》に戻ります。
⑨《ファイル名》に「売上管理.accdb」と表示されていることを確認します。
⑩《ファイル名》の下に「C:¥Users¥(ユーザー名)¥Documents¥Access2016基礎¥」と表示されていることを確認します。
⑪《作成》をクリックします。

新しいデータベースが作成され、ナビゲーションウィンドウとテーブルが表示されます。
⑫タイトルバーにデータベース名が表示されていることを確認します。

> **POINT ▶▶▶**
>
> ### 新しいデータベースの作成
> Accessのウィンドウが開いている状態で、新しいデータベースを作成する方法は、次のとおりです。
> ◆《ファイル》タブ→《新規》→《空のデスクトップデータベース》

第3章

Chapter 3

テーブルによる
データの格納

Check	この章で学ぶこと	…………………………………………	39
Step1	テーブルの概要	…………………………………………	40
Step2	テーブルとフィールドを検討する	………………………	42
Step3	商品マスターを作成する	…………………………………	45
Step4	得意先マスターを作成する	………………………………	66
Step5	売上データを作成する	……………………………………	74

Chapter 3

この章で学ぶこと

学習前に習得すべきポイントを理解しておき、
学習後には確実に習得できたかどうかを振り返りましょう。

1 テーブルで何ができるかを説明できる。　→ P.40

2 テーブルのビューの違いを理解し、使い分けることができる。　→ P.41

3 データ型の違いを理解し、フィールドを設定できる。　→ P.49

4 主キーを設定できる。　→ P.55

5 テーブルに名前を付けて保存できる。　→ P.56

6 テーブルのビューの切り替えができる。　→ P.57

7 レコードを入力できる。　→ P.59

8 添付ファイルを挿入できる。　→ P.60

9 フィールドの列幅を調整できる。　→ P.63

10 テーブルを上書き保存できる。　→ P.63

11 既存テーブルにデータをインポートできる。　→ P.68

12 新規テーブルにデータをインポートできる。　→ P.75

Step 1 テーブルの概要

1 テーブルの概要

「**テーブル**」とは、特定のテーマに関するデータを格納するためのオブジェクトです。Accessで作成するデータベースのデータは、すべてテーブルに格納されます。特定のテーマごとに個々のテーブルを作成し、データを分類して蓄積することにより、データベースを効率よく構築できます。

1 レコード

「**レコード**」とは、テーブルに格納する1件分のデータのことです。
※レコードは「行」ともいいます。

2 フィールド

「**フィールド**」とは、レコードの中のひとつの項目で、「**商品コード**」や「**商品名**」など特定の種類のデータのことです。
※フィールドは「列」ともいいます。

T商品マスター			
商品コード	商品名	単価	
1010	バット(木製)	¥18,000	(1)
1020	バット(金属製)	¥15,000	(1)
1030	野球グローブ	¥19,800	(1)
2010	ゴルフクラブ	¥68,000	(1)
2020	ゴルフボール	¥1,200	(1)
2030	ゴルフシューズ	¥28,000	(1)
3010	スキー板	¥55,000	(1)
3020	スキーブーツ	¥23,000	(1)
4010	テニスラケット	¥16,000	(1)
4020	テニスボール	¥1,500	(1)
5010	トレーナー	¥9,800	(1)

3 主キー

「**主キー**」とは、「**商品コード**」のように各レコードを固有のものとして認識するためのフィールドです。主キーの設定によって、レコードの抽出や検索を高速に行うことができます。
主キーとして設定されるフィールドには重複するデータを入力することはできません。

例:同姓同名の社員がいた場合

2 テーブルのビュー

テーブルには次のようなビューがあります。

●データシートビュー

データシートビューは、データを入力したり、表示したりするビューです。データをExcelのようなワークシート形式で表示します。

●デザインビュー

デザインビューは、テーブルの構造を定義するビューです。
データを入力したり、編集したりすることはできません。

Step2 テーブルとフィールドを検討する

1 テーブルの検討

データを効率よく利用できるようにテーブルの構成を検討しましょう。
同じデータが繰り返し入力される場合、そのフィールドを別のテーブルに分けるとよいでしょう。データの入力を簡単にし、ディスク容量を節約できます。
次のような「**売上データ**」を作成する場合、「**T商品マスター**」「**T得意先マスター**」「**T担当者マスター**」「**T売上データ**」の4つのテーブルから構築します。

●売上データ

売上日	得意先コード	得意先名	担当者コード	担当者名	商品コード	商品名	単価	数量	金額
2016/04/01	10010	丸の内商事	110	山木　由美	1020	バット(金属製)	¥15,000	5	¥75,000
2016/04/01	10220	富士スポーツクラブ	130	安藤　百合子	2030	ゴルフシューズ	¥28,000	3	¥84,000
2016/04/04	20020	つるたスポーツ	110	山木　由美	3020	スキーブーツ	¥23,000	5	¥115,000
2016/04/04	10240	東販売サービス	150	福田　進	1010	バット(木製)	¥18,000	4	¥72,000
2016/04/05	10020	富士スポーツ	140	吉岡　雄介	3010	スキー板	¥55,000	10	¥550,000

●T売上データ

売上番号	売上日	得意先コード	商品コード	数量
1	2016/04/01	10010	1020	5
2	2016/04/01	10220	2030	3
3	2016/04/04	20020	3020	5
4	2016/04/04	10240	1010	4
5	2016/04/05	10020	3010	10

●T得意先マスター

得意先コード	得意先名	フリガナ	〒	住所1	住所2	TEL	担当者コード	DM
10010	丸の内商事	……	…	………	………	……	110	…
10020	富士スポーツ	……	…	………	………	……	140	…
10030	さくらテニス	……	…	………	………	……	110	…
10040	スター広告社	……	…	………	………	……	130	…
10050	足立スポーツ	……	…	………	………	……	150	…
10060	関西販売	……	…	………	………	……	150	…

●T商品マスター

商品コード	商品名	単価	商品画像
1010	バット(木製)	¥18,000	…
1020	バット(金属製)	¥15,000	…
1030	野球グローブ	¥19,800	…
2010	ゴルフクラブ	¥68,000	…
2020	ゴルフボール	¥1,200	…
2030	ゴルフシューズ	¥28,000	…

●T担当者マスター

担当者コード	担当者名
110	山木　由美
120	佐伯　浩太
130	安藤　百合子
140	吉岡　雄介
150	福田　進

42

2 フィールドの検討

それぞれのテーブルに、必要なフィールドを検討します。

●T商品マスター

テーブル「**T商品マスター**」には、「**商品名**」「**単価**」「**商品画像**」フィールドを設定します。各レコードを固有のものとして識別するために「**商品コード**」フィールドを追加し、このフィールドに主キーを設定します。

```
T商品マスター

商品コード
商品名
単価
商品画像
```

●T担当者マスター

テーブル「**T担当者マスター**」には、「**担当者名**」フィールドを設定します。各レコードを固有のものとして識別するために「**担当者コード**」フィールドを追加し、このフィールドに主キーを設定します。

```
T担当者マスター

担当者コード
担当者名
```

●T得意先マスター

テーブル「**T得意先マスター**」には、「**得意先名**」「**フリガナ**」「**〒**」「**住所1**」「**住所2**」「**TEL**」「**担当者コード**」「**DM**」フィールドを設定します。各レコードを固有のものとして識別するために「**得意先コード**」フィールドを追加し、このフィールドに主キーを設定します。

テーブル「**T得意先マスター**」とテーブル「**T担当者マスター**」を共通フィールドで関連付けることにより、「**担当者名**」を自動的に参照させます。

※テーブル間の関連付けについては、P.82「第4章　リレーションシップの作成」で学習します。

●T売上データ

売上データに必要なフィールドは、次のとおりです。▢▢▢のフィールドは設定せずに、テーブルを関連付けすることでほかのテーブルから自動的に参照させたり、既存のフィールドをもとに計算させたりします。

上記のフィールドのうち、自動的に参照させたり計算させたりするフィールドを除きます。さらに、入力した順番に管理番号を取るために**「売上番号」**フィールドを追加し、このフィールドに主キーを設定します。

※既存のフィールドをもとに計算する方法については、P.90「第5章 クエリによるデータの加工」で学習します。

Step3 商品マスターを作成する

1 作成するテーブルの確認

次のようなテーブル「T商品マスター」を作成しましょう。

2 テーブルの作成

テーブル「**T商品マスター**」を作成しましょう。

①テーブルウィンドウの ✕ （'テーブル1'を閉じる）をクリックします。

テーブルが閉じられます。
②《**作成**》タブを選択します。
③《**テーブル**》グループの （テーブルデザイン）をクリックします。

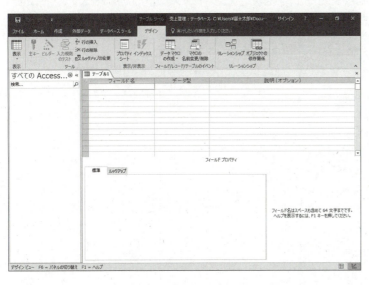

新しいテーブルがデザインビューで表示されます。

POINT ▶▶▶

新しいテーブルの自動作成

《空のデスクトップデータベース》でデータベースを作成すると、自動的に新しいテーブルが作成され、データシートビューで表示されます。テーブルウィンドウの ☒ （'テーブル1'を閉じる）をクリックすると、テーブルは削除されます。

POINT ▶▶▶

テーブルの作成方法

テーブルにはいくつかの作成方法があります。
基本となるのは、次の2つです。

●デザインビューで作成

《作成》タブ→《テーブル》グループの （テーブルデザイン）をクリックして、デザインビューでフィールドの詳細を設定してテーブルを作成します。データを入力するには、データシートビューに切り替えます。

●データシートビューで作成

《作成》タブ→《テーブル》グループの （テーブル）をクリックして、データシートビューで直接フィールド名やデータを入力してテーブルを作成します。
出来上がりのイメージを確認しながらフィールド名を設定したり、データを入力したりできます。フィールドの詳細を設定するには、デザインビューに切り替えます。

3 デザインビューの画面構成

デザインビューの各部の名称と役割を確認しましょう。

❶タブ
テーブル名が表示されます。

❷フィールド名
フィールドの名前を設定します。

❸データ型
フィールドに格納するデータの種類を設定します。

❹説明（オプション）
フィールドに対する説明を入力するときに使います。

❺行セレクター
フィールドを選択するときに使います。

❻フィールドプロパティ
フィールドサイズ（フィールドに入力できる最大文字数）や書式（データを表示する形式）などフィールドの属性を設定します。データ型によって、設定できる属性は異なります。

48

4 フィールドの設定

テーブル「**T商品マスター**」に、必要なフィールドを設定しましょう。

1 フィールドの概要

フィールドを設定するには、「**フィールド名**」と「**データ型**」を設定します。

●フィールド名

フィールドを区別するために、フィールドの名前を設定します。

●データ型

フィールドに格納するデータの種類を設定します。
データに合わせて適切なデータ型を設定すると、データを正確に入力できるだけでなく、検索や並べ替え速度が向上します。
データ型には、次のような種類があります。

データ型	説明
短いテキスト	文字（計算対象にならない郵便番号などの数字を含む）に使用する
長いテキスト	長文、または書式を設定している文字列に使用する
数値型	数値（整数、小数を含む）に使用する
日付/時刻型	日付と時刻に使用する（データには日付と時刻の両方が含まれる）
通貨型	金額に使用する
オートナンバー型	自動的に連番を付ける場合に使用する
Yes/No型	二者択一の場合に使用する
OLEオブジェクト型	ExcelワークシートやWord文書、音声、画像などのWindowsオブジェクトに使用する
ハイパーリンク型	ホームページのアドレス、メールのアドレス、ファイルへのリンクに使用する
添付ファイル	画像やOffice製品で作成したファイルなどを添付する場合に使用する
集計	同じテーブル内のほかのフィールドをもとに集計する場合に使用する
ルックアップウィザード	別のテーブルに格納されている値を参照する場合に使用する

●フィールドサイズ

データ型が「**短いテキスト**」または「**数値型**」の場合、フィールドサイズを設定します。
データに合わせて適切なサイズを設定すると、ディスク容量が節約でき、無駄のないテーブルが作成できます。

2 フィールドの設定（商品コード）

「**商品コード**」のフィールドを次のように設定しましょう。

```
フィールド名　　：商品コード
データ型　　　　：短いテキスト
フィールドサイズ：4
```

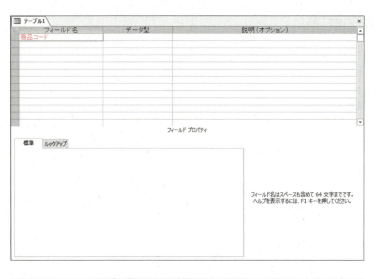

フィールド名を入力します。
①1行目の《フィールド名》にカーソルがあることを確認します。
②「商品コード」と入力します。
③ Tab または Enter を押します。

《データ型》にカーソルが移動します。
データ型を設定します。
④《短いテキスト》になっていることを確認します。
※「商品コード」フィールドは、計算の対象とならないので「短いテキスト」にします。

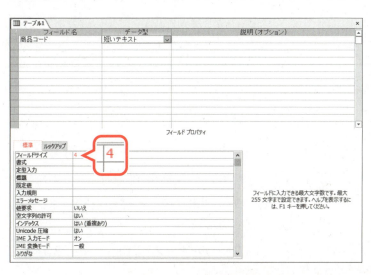

フィールドサイズを設定します。
⑤《フィールドプロパティ》の《標準》タブを選択します。
⑥《フィールドサイズ》プロパティに「4」と入力します。

> **POINT ▶▶▶**
> **フィールド名の付け方**
> フィールド名は全角または半角64文字以内で指定します。半角の「.(ピリオド)」「!(感嘆符)」「[ ](角カッコ)」と先頭のスペースはフィールド名に含めることはできません。

50

3 フィールドの設定（商品名）

「商品名」のフィールドを次のように設定しましょう。

```
フィールド名　　：商品名
データ型　　　　：短いテキスト
フィールドサイズ：30
```

フィールド名を入力します。
①2行目の《フィールド名》に「商品名」と入力します。
②Tab または Enter を押します。

データ型を設定します。
③《短いテキスト》になっていることを確認します。

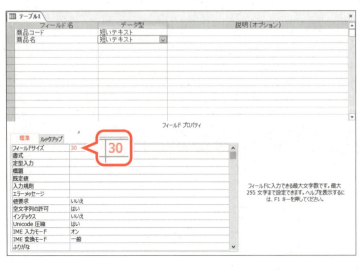

フィールドサイズを設定します。
④《フィールドプロパティ》の《標準》タブを選択します。
⑤《フィールドサイズ》プロパティに「30」と入力します。

4 フィールドの設定（単価）

「単価」のフィールドを次のように設定しましょう。

フィールド名：単価
データ型　　：通貨型

フィールド名を入力します。
①3行目の《フィールド名》に「単価」と入力します。
②[Tab]または[Enter]を押します。

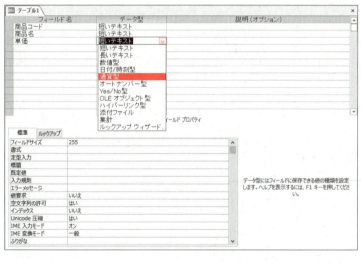

データ型を設定します。
③[▼]をクリックし、一覧から「通貨型」を選択します。

5 フィールドの設定（添付ファイル）

「商品画像」のフィールドを次のように設定しましょう。

フィールド名：商品画像
データ型　　：添付ファイル

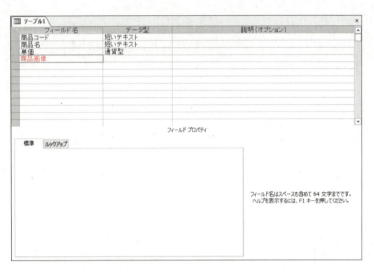

フィールド名を入力します。
①4行目の《フィールド名》に「商品画像」と入力します。
② Tab または Enter を押します。

データ型を設定します。
③ ▼ をクリックし、一覧から「添付ファイル」を選択します。

POINT ▶▶▶

データ型のサイズ

各データ型のフィールドサイズや使用するディスク容量は、次のとおりです。

データ型	フィールドサイズ・使用するディスク容量	
短いテキスト	最大255文字	
長いテキスト	最大1GB（ただし、ユーザーインタフェースでデータを入力できる最大文字数は64,000文字まで）	
数値型	バイト型：1バイト	0〜255の範囲 小数点以下の数値は扱えない
	整数型：2バイト	-32,768〜32,767の範囲 小数点以下の数値は扱えない
	長整数型：4バイト	-2,147,483,648〜2,147,483,647の範囲 小数点以下の数値は扱えない
	単精度浮動小数点型：4バイト	-3.4×10^{38} 〜 3.4×10^{38}
	倍精度浮動小数点型：8バイト	-1.797×10^{308} 〜 1.797×10^{308}
	レプリケーションID型：16バイト	日付と時間などから一意に生成される整数（グローバル一意識別子（GUID））
	十進型：12バイト	$-9.999\cdots \times 10^{27}$ 〜 $9.999\cdots \times 10^{27}$ 小数点以下の数値が扱える
日付/時刻型	8バイト	
通貨型	8バイト	
オートナンバー型	4バイトまたは16バイト	
Yes/No型	1ビット	
OLEオブジェクト型	最大2GB	
ハイパーリンク型	格納される最大文字数は8,192文字まで	
添付ファイル	最大2GB	
集計	短いテキストの場合は243文字 長いテキスト、数値型、Yes/No型、日付/時刻型の場合はそれぞれのデータ型のサイズ	

※数値型では、フィールドに入力する数値の範囲に合わせてフィールドサイズを設定します。
※「単精度浮動小数点型」と「倍精度浮動小数点型」は、きわめて大きいまたは小さい数値を扱うことができますが、数値を格納する際の精度が若干劣ります。
　格納する数値が、単精度浮動小数点型については7桁、倍精度浮動小数点型については15桁を超える場合、その数値は四捨五入されます。例えば、「12,345,678」を単精度浮動小数点型で格納しようとすると、実際には「12,345,680」になります。また、「123.45678」を単精度浮動小数点型で格納しようとすると、実際には「123.4568」になります。

フィールドサイズの初期値

フィールドサイズの初期値は、短いテキストは「255」、数値型は「長整数型」です。
フィールドサイズの初期値を変更する方法は、次のとおりです。

◆《ファイル》タブ→《オプション》→左側の一覧から《オブジェクトデザイナー》を選択→《テーブルデザインビュー》の《テキスト型のフィールドサイズ》または《数値型のフィールドサイズ》

5 主キーの設定

「商品コード」フィールドに主キーを設定しましょう。

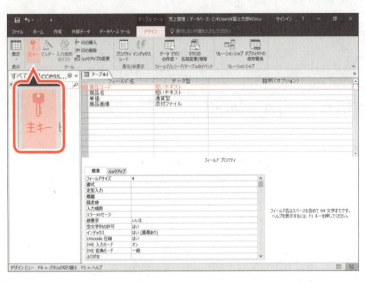

①「商品コード」フィールドの行セレクターをポイントします。
マウスポインターの形が➡に変わります。
②クリックします。
③《デザイン》タブを選択します。
④《ツール》グループの （主キー）をクリックします。

「商品コード」フィールドの行セレクターに 🔑（キーインジケータ）が表示されます。
※任意の場所をクリックし、選択を解除しておきましょう。

その他の方法（主キーの設定）

◆フィールドの行セレクターを右クリック→《主キー》
◆フィールドを右クリック→《主キー》

6 テーブルの保存

作成したテーブルに「**T商品マスター**」と名前を付けて保存しましょう。

①[F12]を押します。

> **POINT ▶▶▶**
>
> **オブジェクトの保存**
>
> オブジェクトを開き、オブジェクトウィンドウ内にカーソルがある状態で[F12]を押すと、そのオブジェクトが保存の対象になります。

《**名前を付けて保存**》ダイアログボックスが表示されます。

②《'テーブル1'の保存先》に「**T商品マスター**」と入力します。

③《**OK**》をクリックします。

テーブルがデータベース「**売上管理.accdb**」に保存されます。

④タブとナビゲーションウィンドウにテーブル名が表示されていることを確認します。

 その他の方法（オブジェクトの保存）

◆《ファイル》タブ→《名前を付けて保存》→《オブジェクトに名前を付けて保存》→《オブジェクトに名前を付けて保存》→《名前を付けて保存》

 オブジェクトの名前の変更

テーブルやフォームなどのオブジェクトの名前を変更する方法は、次のとおりです。

◆ナビゲーションウィンドウのオブジェクトを右クリック→《名前の変更》

主キーを設定しなかった場合

デザインビューでフィールドを作成し、主キーを設定せずに保存すると、次のようなメッセージが表示されます。

❶はい
「ID」フィールドが自動的に作成され、主キーとして設定されます。

❷いいえ
主キーは設定されずに保存されます。

❸キャンセル
保存をキャンセルします。

オブジェクトの削除

テーブルやフォームなどのオブジェクトを削除する方法は、次のとおりです。
◆ナビゲーションウィンドウのオブジェクトを右クリック→《削除》

7 ビューの切り替え

デザインビューでフィールドや主キーを設定したら、データシートビューに切り替えてデータを入力します。
デザインビューからデータシートビューに切り替えましょう。

①《デザイン》タブを選択します。
※《ホーム》タブでもかまいません。
②《表示》グループの ▦ (表示) をクリックします。
※ ▦ (表示) または ◪ (表示) はトグル(切り替え)ボタンになっています。ボタンをクリックするとデータシートビューとデザインビューが交互に切り替わります。

データシートビューに切り替わります。
※リボンに《フィールド》タブと《テーブル》タブが追加され、自動的に《ホーム》タブに切り替わります。

その他の方法
（ビューの切り替え）

◆《表示》グループの ▦ (表示) または ◪ (表示) の 表示 →《データシートビュー》または《デザインビュー》
◆ステータスバーの ▦ (データシートビュー) または ◪ (デザインビュー)

8 データシートビューの画面構成

データシートビューの各部の名称と役割を確認しましょう。

❶タブ
テーブル名が表示されます。

❷列見出し
フィールドを選択するときに使います。

❸レコードセレクター
レコードを選択するときに使います。

❹セル
フィールドとレコードで区切られた、ひとつひとつのマス目のことです。
データはセル単位で入力します。

❺レコード移動ボタン
レコード間でカーソルを移動するときに使います。

ボタン	説明
(先頭レコード)	先頭レコードへ移動する
(前のレコード)	前のレコードへ移動する
1/11 (カレントレコード)	現在選択されているレコードの番号と全レコード数が表示される
(次のレコード)	次のレコードへ移動する
(最終レコード)	最終レコードへ移動する
(新しい(空の)レコード)	最終レコードの次の新規レコードへ移動する

❻フィルター
フィールドに抽出条件が設定されている場合に、フィルターの適用と解除を切り替えます。

❼検索
検索するフィールドのキーワードを入力します。

58

9 レコードの入力

テーブル「**T商品マスター**」にレコードを入力しましょう。

1 データの入力

次のデータを入力しましょう。

商品コード	商品名	単価
1010	バット(木製)	¥18,000

「**商品コード**」を入力します。
① 1行目の「**商品コード**」のセルをクリックします。
② 「**1010**」と入力します。
※半角で入力します。
③ [Tab] または [Enter] を押します。

「**商品名**」を入力します。
④ 「**バット(木製)**」と入力します。
⑤ [Tab] または [Enter] を押します。

「**単価**」を入力します。
⑥ 「**18000**」と入力します。
⑦ [Tab] または [Enter] を押します。

⑧ 「**単価**」のセルに通貨記号と3桁区切りカンマが自動的に表示されていることを確認します。

> **POINT ▶▶▶**
>
> ### 主キーフィールドへのデータ入力
> 主キーを設定したフィールドには、次の制限があります。
> ● 重複する値は入力できない
> ● 空の値（Null値）は入力できない
> ※主キーフィールドに入力する値は、あとから変更されない値であることが理想的です。

> **POINT ▶▶▶**
>
> ### レコードセレクターの表示
> レコードセレクターに表示されるアイコンの意味は、次のとおりです。
>
> | アイコン | 説明 |
> |---|---|
> | 🖉 | 入力中のレコード |
> | ＊ | 新規のレコード |

2 添付ファイルの挿入

《添付ファイル》のフィールドに添付ファイルを挿入しましょう。

添付ファイルを挿入します。
① 🔘(0)をダブルクリックします。

《添付ファイル》ダイアログボックスが表示されます。
②《追加》をクリックします。

60

《ファイルの選択》ダイアログボックスが表示されます。

③左側の一覧から《ドキュメント》を選択します。

※《ドキュメント》が表示されていない場合は、《PC》をダブルクリックします。

④右側の一覧から「Access2016基礎」を選択します。

⑤《開く》をクリックします。

開くファイルを選択します。

⑥一覧から「1010.gif」を選択します。

⑦《開く》をクリックします。

《添付ファイル》ダイアログボックスに戻ります。

⑧一覧に「1010.gif」が表示されていることを確認します。

⑨《OK》をクリックします。

⑩セルに 📎(1) と表示されていることを確認します。

⑪ Tab または Enter を押します。

1件目のレコードが確定し、2件目の商品コードのセルにカーソルが移動します。

⑫同様に次のレコードを入力します。

商品コード	商品名	単価	添付ファイル
1020	バット（金属製）	¥15,000	1020.gif
1030	野球グローブ	¥19,800	1030.gif
2010	ゴルフクラブ	¥68,000	2010.gif
2020	ゴルフボール	¥1,200	2020.gif
2030	ゴルフシューズ	¥28,000	2030.gif
3010	スキー板	¥55,000	3010.gif
3020	スキーブーツ	¥23,000	3020.gif
4010	テニスラケット	¥16,000	4010.gif
4020	テニスボール	¥1,500	4020.gif
5010	トレーナー	¥9,800	5010.gif

※数字は半角で入力します。

> **POINT ▶▶▶**
>
> ### レコードの保存
> 入力中のレコードがテーブルに格納され、データベースに保存されるタイミングは、次のとおりです。
> ●別のレコードにカーソルを移動する
> ●テーブルを閉じる
> ●データベースを閉じる
> ●Accessを終了する
> ※自動的にレコードが保存される前に、入力をキャンセルしたいときは Esc を押します。

10 フィールドの列幅の調整

「商品名」のフィールドの列幅をデータの長さに合わせて調整しましょう。

①**「商品名」**フィールドの列見出しの右側の境界線をポイントします。
マウスポインターの形が ✥ に変わります。
②ダブルクリックします。

列幅が最長のデータに合わせて自動調整されます。

11 上書き保存

オブジェクトの内容を一部変更して、同じオブジェクト名で保存することを**「上書き保存」**といいます。
データシートビューでフィールドの列幅を調整したので、テーブル**「T商品マスター」**を上書き保存しましょう。

①クイックアクセスツールバーの （上書き保存）をクリックします。
※テーブルを閉じておきましょう。

その他の方法（上書き保存）
◆《ファイル》タブ→《上書き保存》
◆ Ctrl + S

名前を付けて保存と上書き保存
オブジェクトの内容を一部変更して、更新前のオブジェクトも更新後のオブジェクトも保存するには、「名前を付けて保存」で別のオブジェクト名で保存します。
「上書き保存」では、更新前のオブジェクトは保存されません。

12 テーブルを開く

テーブル「**T商品マスター**」をデータシートビューで開きましょう。

①ナビゲーションウィンドウのテーブル「**T商品マスター**」をダブルクリックします。

テーブルがデータシートビューで開かれます。
※テーブルを閉じておきましょう。

 その他の方法（テーブルをデータシートビューで開く）
◆ナビゲーションウィンドウのテーブルを右クリック→《開く》

 POINT ▶▶▶

テーブルをデザインビューで開く
テーブルをデザインビューで開く方法は、次のとおりです。
◆ナビゲーションウィンドウのテーブルを右クリック→《デザインビュー》

ためしてみよう

①次のようなテーブルを作成しましょう。

主キー	フィールド名	データ型	フィールドサイズ
○	担当者コード	短いテキスト	3
	担当者名	短いテキスト	20

②「T担当者マスター」と名前を付けて保存しましょう。
③データシートビューに切り替えて、次のレコードを入力しましょう。

担当者コード	担当者名
110	山木　由美
120	佐伯　浩太
130	安藤　百合子
140	吉岡　雄介
150	福田　進

※数字は半角で入力します。
※テーブルを上書き保存し、閉じておきましょう。

Let's Try Answer

①
①《作成》タブを選択
②《テーブル》グループの (テーブルデザイン)をクリック
③1行目の《フィールド名》に「担当者コード」と入力
④ Tab または Enter を押す
⑤《データ型》が《短いテキスト》になっていることを確認
⑥《フィールドプロパティ》の《標準》タブを選択
⑦《フィールドサイズ》プロパティに「3」と入力
⑧2行目の《フィールド名》に「担当者名」と入力
⑨ Tab または Enter を押す
⑩《データ型》が《短いテキスト》になっていることを確認
⑪《フィールドプロパティ》の《標準》タブを選択
⑫《フィールドサイズ》プロパティに「20」と入力
⑬「担当者コード」フィールドの行セレクターをクリック
⑭《デザイン》タブを選択
⑮《ツール》グループの (主キー)をクリック

②
① F12 を押す
②《'テーブル1'の保存先》に「T担当者マスター」と入力
③《OK》をクリック

③
①《デザイン》タブを選択
※《ホーム》タブでもかまいません。
②《表示》グループの (表示)をクリック
③1件目の「担当者コード」のセルをクリック
④「担当者コード」に「110」と入力
⑤ Tab または Enter を押す
⑥「担当者名」に「山木　由美」と入力
⑦ Tab または Enter を押す
⑧同様に、その他のレコードを入力
※各フィールドの列幅をデータの長さに合わせて調整しておきましょう。

Step 4 得意先マスターを作成する

1 作成するテーブルの確認

次のようなテーブル「T得意先マスター」を作成しましょう。

●T得意先マスター

2 テーブルの作成

テーブル「**T得意先マスター**」を作成しましょう。

① 《作成》タブを選択します。
② 《テーブル》グループの (テーブルデザイン) をクリックします。

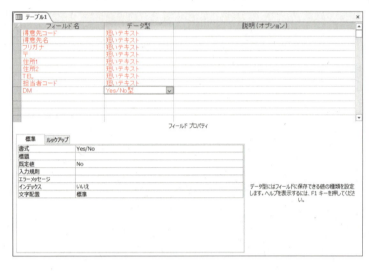

デザインビューで新しいテーブルが表示されます。

③ 次のように各フィールドを設定します。

フィールド名	データ型	フィールドサイズ
得意先コード	短いテキスト	5
得意先名	短いテキスト	30
フリガナ	短いテキスト	30
〒	短いテキスト	8
住所1	短いテキスト	50
住所2	短いテキスト	50
TEL	短いテキスト	13
担当者コード	短いテキスト	3
DM	Yes/No型	

※英数字は半角で入力します。

「**得意先コード**」フィールドに主キーを設定します。

④ 「**得意先コード**」フィールドの行セレクターをクリックします。
⑤ 《デザイン》タブを選択します。
⑥ 《ツール》グループの (主キー) をクリックします。

作成したテーブルを保存します。

⑦ [F12] を押します。

《名前を付けて保存》ダイアログボックスが表示されます。

⑧ 《'テーブル1'の保存先》に「**T得意先マスター**」と入力します。
⑨ 《OK》をクリックします。

※テーブルを閉じておきましょう。

3 既存テーブルへのデータのインポート

Excelファイルやテキストファイルなどの外部データをAccessに取り込むことを**「インポート」**といいます。
外部データをインポートするとAccessのテーブルにデータがコピーされ、Accessでデータを編集しても、もとのファイルには影響しません。

1 データのインポート

テーブル**「T得意先マスター」**に、Excelファイル**「得意先データ.xlsx」**のデータをインポートしましょう。

●得意先データ.xlsx

	A	B	C	D	E	F	G	H	I
1	得意先コード	得意先名	フリガナ	〒	住所1	住所2	TEL	担当者コード	DM
2	10010	丸の内商事	マルノウチショウジ	100-0005	東京都千代田区丸の内2-X-X	第3千代田ビル	03-3211-XXXX	110	Yes
3	10020	富士スポーツ	フジスポーツ	100-0005	東京都千代田区丸の内1-X-X	東京ビル	03-3213-XXXX	140	Yes
4	10030	さくらテニス	サクラテニス	111-0031	東京都台東区千束1-X-X	大手町フラワービル7F	03-3244-XXXX	110	No
5	10040	スター広告社	スターコウコクシャ	176-0002	東京都練馬区桜台3-X-X		03-3286-XXXX	130	No
6	10050	足立スポーツ	アダチスポーツ	131-0033	東京都墨田区向島1-X-X	足立ビル11F	03-3588-XXXX	150	Yes
7	10060	関西販売	カンサイハンバイ	108-0075	東京都港区港南5-X-X	江戸ビル	03-5000-XXXX	150	Yes
8	10070	山岡ゴルフ	ヤマオカゴルフ	100-0004	東京都千代田区大手町1-X-X	大手町第一ビル	03-3262-XXXX	110	Yes
9	10080	日高販売店	ヒダカハンバイテン	100-0005	東京都千代田区丸の内2-X-X	平ビル	03-5252-XXXX	140	No
10	10090	大江戸販売	オオエドハンバイ	100-0013	東京都千代田区霞が関2-X-X	大江戸ビル6F	03-5522-XXXX	110	Yes
11	10100	山の手スポーツ用品	ヤマノテスポーツヨウヒン	103-0027	東京都中央区日本橋1-X-X	日本橋ビル	03-3297-XXXX	120	No
12	10110	海山商事	ウミヤマショウジ	102-0083	東京都千代田区麹町3-X-X	NHビル	03-3299-XXXX	120	Yes
13	10120	山猫スポーツ	ヤマネコスポーツ	102-0082	東京都千代田区一番町5-XX	ヤマネコガーデン4F	03-3388-XXXX	150	Yes
14	10130	サイトウスポーツ	サイトウスポーツ	105-0001	東京都港区虎ノ門4-X-X	虎ノ門ビル17F	03-5555-XXXX	140	Yes
15	10140	富士商事	フジショウジ	106-0031	東京都港区西麻布4-X-X		03-3330-XXXX	120	No
16	10150	長治クラブ	チョウジクラブ	104-0032	東京都中央区八丁堀3-X-X	長治ビル	03-3766-XXXX	150	Yes
17	10160	みどりテニス	ミドリテニス	150-0047	東京都渋谷区神山町1-XX		03-5688-XXXX	150	Yes
18	10170	東京富士販売	トウキョウフジハンバイ	150-0046	東京都渋谷区松濤1-X-X	渋谷第2ビル	03-3888-XXXX	120	No
19	10180	いろは通信販売	イロハツウシンハンバイ	151-0063	東京都渋谷区富ヶ谷2-X-X		03-5553-XXXX	130	Yes
20	10190	目黒野球用品	メグロヤキュウヨウヒン	169-0071	東京都新宿区戸塚町1-X-X	目黒野球用品本社ビル	03-3532-XXXX	130	Yes
21	10200	ミズホ販売	ミズホハンバイ	162-0811	東京都新宿区水道町5-XX	水道橋大通ビル	03-3111-XXXX	150	No
22	10210	富士デパート	フジデパート	160-0001	東京都新宿区片町1-X-X	片町第6ビル	03-3203-XXXX	130	Yes
23	10220	富士スポーツクラブ	フジスポーツクラブ	135-0063	東京都江東区有明1-X-X	有明ISSビル7F	03-3367-XXXX	130	Yes
24	10230	スポーツスクエア鳥居	スポーツスクエアトリイ	142-0053	東京都品川区中延5-X-X		03-3389-XXXX	150	Yes
25	10240	東販売サービス	ヒガシハンバイサービス	143-0013	東京都大田区大森南3-X-X	大森ビル11F	03-3145-XXXX	150	No
26	10250	富士通信販売	フジツウシンハンバイ	175-0093	東京都板橋区赤塚新町3-X-X	富士通信ビル	03-3212-XXXX	120	Yes
27	20010	スポーツ富士	スポーツフジ	236-0021	神奈川県横浜市金沢区泥亀2-X-X		045-788-XXXX	140	Yes
28	20020	つるたスポーツ	ツルタスポーツ	231-0051	神奈川県横浜市中区赤門町2-X-X		045-242-XXXX	110	Yes
29	20030	富士スポーツ用品	フジスポーツヨウヒン	231-0045	神奈川県横浜市中区伊勢佐木町3-X-X	伊勢佐木モール	045-261-XXXX	150	No
30	20040	浜辺スポーツ店	ハマベスポーツテン	221-0012	神奈川県横浜市神奈川区子安台1-X-X	子安台フルハートビル	045-421-XXXX	140	Yes
31	30010	富士販売センター	フジハンバイセンター	264-0031	千葉県千葉市若葉区愛生町5-XX		043-228-XXXX	120	Yes
32	30020	テニスショップ富士	テニスショップフジ	261-0012	千葉県千葉市美浜区磯辺4-X-X		043-278-XXXX	120	Yes
33	40010	こあらスポーツ	コアラスポーツ	358-0002	埼玉県入間市東町1-X-X		04-2900-XXXX	110	No

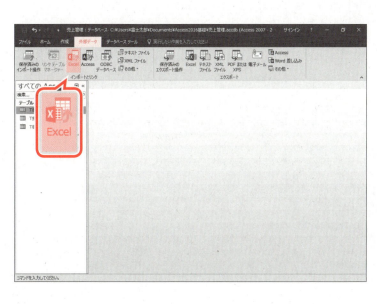

① テーブル**「T得意先マスター」**が閉じられていることを確認します。
② **《外部データ》**タブを選択します。
③ **《インポートとリンク》**グループの (Excelスプレッドシートのインポート)をクリックします。

68

《外部データの取り込み-Excelスプレッドシート》ダイアログボックスが表示されます。

④《オブジェクトの定義のソースを指定します。》の《ファイル名》の《参照》をクリックします。

《ファイルを開く》ダイアログボックスが表示されます。
Excelファイルが保存されている場所を選択します。

⑤左側の一覧から《ドキュメント》を選択します。

※《ドキュメント》が表示されていない場合は、《PC》をダブルクリックします。

⑥右側の一覧から「**Access2016基礎**」を選択します。

⑦《開く》をクリックします。

⑧一覧から「**得意先データ.xlsx**」を選択します。

⑨《開く》をクリックします。

《外部データの取り込み-Excelスプレッドシート》ダイアログボックスに戻ります。

データを保存する場所を指定します。

⑩《現在のデータベースのデータの保存方法と保存場所を指定してください。》の《レコードのコピーを次のテーブルに追加する》を◉にします。

⑪ ⌄ をクリックし、一覧から「T得意先マスター」を選択します。

⑫《OK》をクリックします。

《スプレッドシートインポートウィザード》が表示されます。

インポート元のデータの先頭行をフィールド名として使うかどうかを指定する画面が表示されます。

※今回、あらかじめテーブルにフィールド名を作成しているので、先頭行をフィールド名として使うかどうかの指定はできません。

⑬《次へ》をクリックします。

⑭《インポート先のテーブル》が「T得意先マスター」になっていることを確認します。

⑮《完了》をクリックします。

《外部データの取り込み-Excelスプレッドシート》ダイアログボックスに戻ります。

⑯《閉じる》をクリックします。

その他の方法（Excelデータのインポート）

◆ナビゲーションウィンドウのテーブルを右クリック→《インポート》→《Excel》

POINT ▶▶▶

既存テーブルにインポートするときの注意点

既存テーブルにExcelデータを正しくインポートできない場合、インポート元のExcelデータとインポート先のテーブルの構造やフィールドが一致していないことが考えられます。Excelデータをインポートできる形式に編集してから、再度インポートしなおしましょう。
次のような場合は、注意するとよいでしょう。

❶フィールド名が異なっていないか
❷Excelのシートに不要なデータ（タイトルや見出し）がないか
❸Access側にないフィールドがExcel側にないか
※先頭行をフィールド名として使う場合、❶❷❸に注意しましょう。
❹テーブルの主キーとして格納されるExcelデータに空白セルがないか
❺Excelのシートの各フィールドに異なる種類のデータが混在していないか
❻Excelのシートにエラー値が含まれていないか
❼Excelのシートに結合したセルはないか
❽Excelファイルを閉じているか

●Access側

●Excel側

第3章 テーブルによるデータの格納

2 インポート結果の確認

テーブル「**T得意先マスター**」にインポートされたデータを確認しましょう。

①ナビゲーションウィンドウのテーブル「**T得意先マスター**」をダブルクリックします。

テーブルがデータシートビューで開かれます。

②「**得意先データ.xlsx**」のデータがコピーされ、テーブルに追加されていることを確認します。

各フィールドの列幅をデータの長さに合わせて調整します。

③「**得意先名**」フィールドの列見出しの右側の境界線をポイントします。

マウスポインターの形が ✥ に変わります。

④ダブルクリックします。

⑤同様に、ほかのフィールドの列幅を調整します。

※一覧に表示されていない場合は、スクロールして調整します。

※テーブルを上書き保存し、閉じておきましょう。

POINT ▶▶▶

列幅の自動調整

列幅をダブルクリックして調整すると、画面に表示されているデータのうち最長のものに合わせて調整されます。上方向または下方向にスクロールしないと表示されないデータについては、調整の対象となりません。

スクロールしないと表示されないデータも含めてすべてのデータの列幅を調整する方法は、次のとおりです。

◆フィールドを選択→《ホーム》タブ→《レコード》グループの ▦▾ （その他）→《フィールド幅》→《自動調整》

 数値を使った列幅の調整

列幅を数値を使って調整できます。
◆フィールドを選択→《ホーム》タブ→《レコード》グループの ▦▾ （その他）→《フィールド幅》

 列の固定

フィールドが多い場合、データシートを右方向にスクロールすると、左側のフィールドが見えなくなってしまうことがあります。データを入力したり、参照したりする際に、常に表示させておきたいフィールドは固定しておくとよいでしょう。

フィールドの固定

◆フィールドを選択→《ホーム》タブ→《レコード》グループの ▦▾ （その他）→《フィールドの固定》
※固定したフィールドは一番左に移動します。

フィールドの固定の解除

◆《ホーム》タブ→《レコード》グループの ▦▾ （その他）→《すべてのフィールドの固定解除》
※フィールドの固定を解除しても、フィールドはもとの位置に戻りません。フィールド名を選択し、フィールド名をドラッグします。

Step 5 売上データを作成する

1 作成するテーブルの確認

次のようなテーブル「T売上データ」を作成しましょう。

●T売上データ

売上番号	売上日	得意先コード	商品コード	数量
1	2016/04/01	10010	1020	5
2	2016/04/01	10220	2030	3
3	2016/04/04	20020	3020	5
4	2016/04/04	10240	1010	4
5	2016/04/05	10020	3010	10
6	2016/04/06	20040	1020	4
7	2016/04/07	10220	4010	15
8	2016/04/07	10210	1030	20
9	2016/04/08	30010	1020	30
10	2016/04/08	10020	5010	10
11	2016/04/11	10120	2010	15
12	2016/04/11	10110	2030	4
13	2016/04/12	20020	3010	4
14	2016/04/12	10020	2010	2
15	2016/04/12	10010	4020	50
16	2016/04/13	20040	3020	10
17	2016/04/13	10050	1020	5
18	2016/04/14	10010	2010	25
19	2016/04/14	10180	3020	6
20	2016/04/14	10020	2010	30
21	2016/04/15	40010	4020	2
22	2016/04/15	10060	1030	2
23	2016/04/18	10080	1010	10
24	2016/04/18	10100	1020	12
25	2016/04/19	10120	1030	5
26	2016/04/19	10020	1010	3
27	2016/04/20	10020	5010	5
28	2016/04/21	10180	2010	3
29	2016/04/21	10060	1020	9

レコード: 1 / 161　フィルターなし　検索

2 新規テーブルへのデータのインポート

Excelファイル**「売上データ.xlsx」**のデータをインポートし、テーブル**「T売上データ」**として保存しましょう。

●売上データ.xlsx

	A	B	C	D
1	売上日	得意先コード	商品コード	数量
2	2016/4/1	10010	1020	5
3	2016/4/1	10220	2030	3
4	2016/4/4	20020	3020	5
5	2016/4/4	10240	1010	4
6	2016/4/5	10020	3010	10
7	2016/4/6	20040	1020	4
8	2016/4/7	10220	4010	15
9	2016/4/7	10210	1030	20
10	2016/4/8	30010	1020	30
11	2016/4/8	10020	5010	10
12	2016/4/11	10120	2010	15
151	2016/6/24	10060	4010	5
152	2016/6/24	10170	4010	50
153	2016/6/24	10110	1030	5
154	2016/6/24	10180	2030	4
155	2016/6/24	20020	4010	12
156	2016/6/27	30010	2020	100
157	2016/6/27	10050	4010	6
158	2016/6/27	10220	3020	15
159	2016/6/28	10090	1020	5
160	2016/6/28	10230	3020	10
161	2016/6/28	10210	2020	50
162	2016/6/28	10020	2010	5

①**《外部データ》**タブを選択します。
②**《インポートとリンク》**グループの (Excelスプレッドシートのインポート)をクリックします。

《外部データの取り込み-Excelスプレッドシート》ダイアログボックスが表示されます。

③《オブジェクトの定義のソースを指定します。》の《ファイル名》の《参照》をクリックします。

《ファイルを開く》ダイアログボックスが表示されます。
Excelファイルが保存されている場所を選択します。

④左側の一覧から《ドキュメント》を選択します。
※《ドキュメント》が表示されていない場合は、《PC》をダブルクリックします。

⑤右側の一覧から「Access2016基礎」を選択します。

⑥《開く》をクリックします。

⑦一覧から「売上データ.xlsx」を選択します。
⑧《開く》をクリックします。

《外部データの取り込み-Excelスプレッドシート》ダイアログボックスに戻ります。
データを保存する場所を指定します。

⑨《現在のデータベースのデータの保存方法と保存場所を指定してください。》の《現在のデータベースの新しいテーブルにソースデータをインポートする》を◉にします。

⑩《OK》をクリックします。

《スプレッドシートインポートウィザード》が表示されます。
インポート元のデータの先頭行をフィールド名として使うかどうかを指定します。

⑪《先頭行をフィールド名として使う》を☑にします。

⑫《次へ》をクリックします。

フィールド名やデータ型などのオプションを指定する画面が表示されます。
※今回、オプションは指定しません。

⑬《次へ》をクリックします。

主キーを設定します。

⑭《**主キーを自動的に設定する**》を◉にします。

⑮《**次へ**》をクリックします。

インポート先のテーブル名を指定します。

⑯《**インポート先のテーブル**》に「**T売上データ**」と入力します。

⑰《**完了**》をクリックします。

《**外部データの取り込み-Excelスプレッドシート**》ダイアログボックスに戻ります。

⑱《**閉じる**》をクリックします。

78

⑲ナビゲーションウィンドウにテーブル「T売上データ」が作成されていることを確認します。

インポートされたデータを確認します。

⑳ナビゲーションウィンドウのテーブル「T売上データ」をダブルクリックします。

テーブルがデータシートビューで開かれます。

㉑「売上データ.xlsx」のデータがコピーされていることを確認します。

※「得意先コード」フィールドと「数量」フィールドの列幅を調整しておきましょう。

3 フィールドの設定

デザインビューに切り替えて、フィールドを設定しましょう。

①《フィールド》タブを選択します。
※《ホーム》タブでもかまいません。

②《表示》グループの (表示)をクリックします。

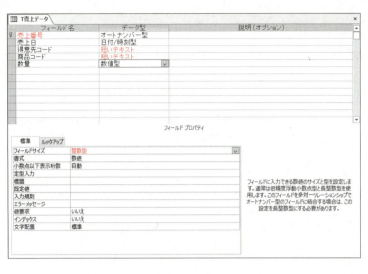

デザインビューに切り替わります。

③次のように各フィールドを変更します。

主キー	フィールド名	データ型	フィールドサイズ
○	売上番号	オートナンバー型	長整数型
	売上日	日付/時刻型	
	得意先コード	短いテキスト	5
	商品コード	短いテキスト	4
	数量	数値型	整数型

POINT ▶▶▶
オートナンバー型
フィールドのデータ型を「オートナンバー型」にすると、「1」「2」「3」「4」…と連番が自動的に割り当てられ、各レコードに固有の値が作成されます。

作成したテーブルを上書き保存します。

④クイックアクセスツールバーの （上書き保存）をクリックします。

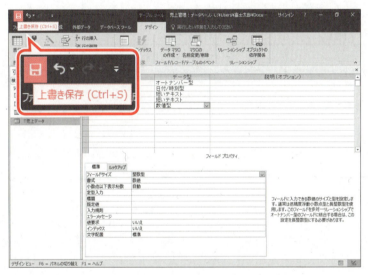

図のようなメッセージが表示されます。

⑤《はい》をクリックします。

上書き保存されます。

※テーブルを閉じておきましょう。

POINT ▶▶▶
保存時のメッセージ
フィールドサイズを小さくして保存すると、《一部のデータが失われる可能性があります。》というメッセージが表示されます。
設定したフィールドサイズより大きいデータは、データの一部が削除されます。

オブジェクト間のデータの流れ
テーブルに格納されたデータは、次のように各オブジェクト間で利用されます。

第4章

Chapter 4

リレーションシップの
作成

| Check | この章で学ぶこと | 83 |
| Step1 | リレーションシップを作成する | 84 |

Chapter 4

この章で学ぶこと

学習前に習得すべきポイントを理解しておき、
学習後には確実に習得できたかどうかを振り返りましょう。

1 主キーと外部キーについて説明できる。　　　☑ ☑ ☑ → P.84

2 参照整合性について説明できる。　　　☑ ☑ ☑ → P.84

3 テーブル間にリレーションシップを作成できる。　　　☑ ☑ ☑ → P.85

Step1 リレーションシップを作成する

1 リレーションシップ

Accessでは、複数に分けたテーブル間の共通フィールドを関連付けることができます。この関連付けを「**リレーションシップ**」といいます。

リレーションシップが作成された複数のテーブルを結合すると、あたかもひとつのテーブルであるかのようにデータを扱うことができます。

1 主キーと外部キー

2つのテーブル間にリレーションシップを作成するには、2つのテーブルに共通のフィールドが必要です。

共通のフィールドのうち、「**主キー**」側のフィールドに対して、もう一方のフィールドを「**外部キー**」といいます。また、主キーを含むテーブルを「**主テーブル**」、外部キーを含むテーブルを「**関連テーブル**」または「**リレーションテーブル**」といいます。

2 参照整合性

リレーションシップが作成されたテーブル間に「**参照整合性**」を設定できます。参照整合性とは、矛盾のないデータ管理をするための規則のことです。

例えば、「T担当者マスター」(主テーブル)側に存在しない「担当者コード」を「T得意先マスター」(関連テーブル)側に入力してしまうといったデータの矛盾を制御します。

84

2 リレーションシップの作成

「T商品マスター」「T担当者マスター」「T得意先マスター」「T売上データ」の4つのテーブル間にリレーションシップを作成しましょう。

①テーブルが閉じられていることを確認します。
②《データベースツール》タブを選択します。
③《リレーションシップ》グループの （リレーションシップ）をクリックします。

リレーションシップウィンドウと《テーブルの表示》ダイアログボックスが表示されます。
※リボンに《デザイン》タブが追加され、自動的に《デザイン》タブに切り替わります。
④《テーブル》タブを選択します。
⑤一覧から「T商品マスター」を選択します。
⑥ Shift を押しながら、一覧から「T売上データ」を選択します。
⑦《追加》をクリックします。

POINT ▶▶▶

複数のテーブルの選択

複数のテーブルをまとめて選択する方法は、次のとおりです。

連続するテーブル

◆最初のテーブルを選択→ Shift を押しながら、最終のテーブルを選択

連続しないテーブル

◆1つ目のテーブルを選択→ Ctrl を押しながら、2つ目以降のテーブルを選択

リレーションシップウィンドウに4つのテーブルのフィールドリストが表示されます。
※主キーには🔑が表示されます。
《テーブルの表示》ダイアログボックスを閉じます。
⑧《閉じる》をクリックします。

フィールドリスト

テーブル「**T得意先マスター**」のフィールド名がすべて表示されるように、フィールドリストのサイズを調整します。
⑨フィールドリストの下端をポイントします。
マウスポインターの形が⇕に変わります。
⑩図のようにドラッグします。

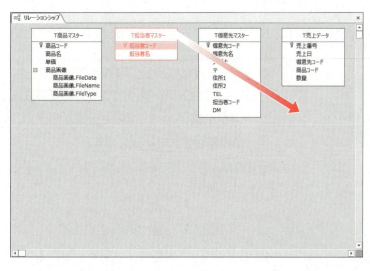

サイズが変更されます。
⑪同様に、ほかのフィールドリストのサイズも調整します。

リレーションシップの設定を見やすくするためにフィールドリストの配置を調整します。
テーブル「**T担当者マスター**」のフィールドリストを移動します。
⑫フィールドリストのタイトルバーを図のようにドラッグします。

86

第4章 リレーションシップの作成

テーブル**「T売上データ」**のフィールドリストを移動します。

⑬ フィールドリストのタイトルバーを図のようにドラッグします。

フィールドリストが移動されます。
※図のようにフィールドリストを配置しておきましょう。
テーブル**「T担当者マスター」**とテーブル**「T得意先マスター」**の間にリレーションシップを作成します。

⑭ **「T担当者マスター」**の**「担当者コード」**を**「T得意先マスター」**の**「担当者コード」**までドラッグします。

ドラッグ中、フィールドリスト内でマウスポインターの形が に変わります。
※ドラッグ元のフィールドとドラッグ先のフィールドは入れ替わってもかまいません。

《リレーションシップ》ダイアログボックスが表示されます。

⑮ **《テーブル/クエリ》**が**「T担当者マスター」**、**《リレーションテーブル/クエリ》**が**「T得意先マスター」**になっていることを確認します。

⑯ **《参照整合性》**を☑にします。

⑰ **《作成》**をクリックします。

テーブル間に結合線が表示されます。

⑱ 結合線の**「T担当者マスター」**側に **1**（主キー）、**「T得意先マスター」**側に ∞（外部キー）が表示されていることを確認します。

テーブル「**T商品マスター**」とテーブル「**T売上データ**」の間にリレーションシップを作成します。

⑲「**T商品マスター**」の「**商品コード**」を「**T売上データ**」の「**商品コード**」までドラッグします。
《**リレーションシップ**》ダイアログボックスが表示されます。

⑳《**参照整合性**》を ☑ にします。

㉑《**作成**》をクリックします。

テーブル「**T得意先マスター**」とテーブル「**T売上データ**」の間にリレーションシップを作成します。

㉒「**T得意先マスター**」の「**得意先コード**」を「**T売上データ**」の「**得意先コード**」までドラッグします。
《**リレーションシップ**》ダイアログボックスが表示されます。

㉓《**参照整合性**》を ☑ にします。

㉔《**作成**》をクリックします。

4つのテーブル間にリレーションシップが作成されます。

リレーションシップウィンドウのレイアウトを保存します。

㉕ クイックアクセスツールバーの 🗎 （上書き保存）をクリックします。

リレーションシップウィンドウを閉じます。

㉖《**デザイン**》タブを選択します。

㉗《**リレーションシップ**》グループの ✕ （閉じる）をクリックします。

フィールドリストの削除
リレーションシップウィンドウからフィールドリストを削除する方法は、次のとおりです。
◆フィールドリストを選択→Delete

フィールドリストの追加
《テーブルの表示》ダイアログボックスを再表示し、リレーションシップウィンドウにフィールドリストを追加する方法は、次のとおりです。
◆《デザイン》タブ→《リレーションシップ》グループの（テーブルの表示）→追加するオブジェクトを選択→《追加》

リレーションシップの編集
リレーションシップを編集する方法は、次のとおりです。
◆結合線をクリック→《デザイン》タブ→《ツール》グループの（リレーションシップの編集）

サブデータシート
リレーションシップが作成されたテーブル間のデータを参照する場合、「サブデータシート」を使うと効率的です。主テーブルを表示した状態で＋をクリックすると、関連テーブルがサブデータシートとして表示され、共通フィールドの値が一致するデータを参照することができます。
※図では、テーブル「T商品マスター」の商品コードが1010のテーブル「T売上データ」が参照されています。
※サブデータシートを閉じるには、－をクリックします。

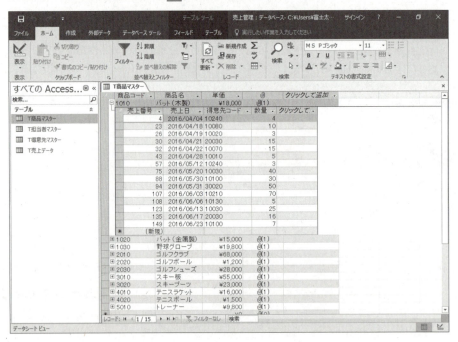

Chapter 5

第5章

クエリによる
データの加工

Check	この章で学ぶこと	……………………………………	91
Step1	クエリの概要	……………………………………	92
Step2	得意先電話帳を作成する	…………………………………	95
Step3	得意先マスターを作成する	………………………………	104
Step4	売上データを作成する	……………………………………	107

Chapter 5

この章で学ぶこと

学習前に習得すべきポイントを理解しておき、
学習後には確実に習得できたかどうかを振り返りましょう。

1	クエリで何ができるかを説明できる。	→ P.92
2	クエリのビューの違いを理解し、使い分けることができる。	→ P.94
3	デザインビューでクエリを作成できる。	→ P.95
4	クエリにフィールドを追加できる。	→ P.99
5	フィールドを基準に、レコードを並べ替えることができる。	→ P.101
6	フィールドを入れ替えて、表示順を変更できる。	→ P.102
7	クエリに名前を付けて保存できる。	→ P.103
8	演算フィールドを作成できる。	→ P.110

91

Step1 クエリの概要

1 クエリの概要

「**クエリ**」とは、テーブルに格納されたデータを加工するためのオブジェクトです。
クエリを使うと、フィールドやレコードを次のように加工できます。

1 フィールドの加工

必要なフィールドを組み合わせて仮想テーブルを編成できます。

●あるテーブルから必要なフィールドを選択し、仮想テーブルを編成する

●複数のテーブルを結合し、仮想テーブルを編成する

●フィールドのデータをもとに計算し、仮想テーブルを編成する

2 レコードの加工

レコードの抽出、集計、並べ替えができます。
※レコードの抽出と集計については、P.158「第7章　クエリによるデータの抽出と集計」で学習します。

●抽出条件を設定してレコードを抽出する

もとになるテーブル

売上番号	日付	商品コード	商品名	売値	数量	金額
1	1/10	A030	メロン	1000	1	1000
2	1/15	A010	りんご	200	2	400
3	2/01	A020	みかん	100	5	500
4	2/04	A030	メロン	1000	3	3000
5	2/07	A010	りんご	200	10	2000

クエリ　りんごを抽出

クエリにより編成された仮想テーブル

売上番号	日付	商品コード	商品名	売値	数量	金額
2	1/15	A010	りんご	200	2	400
5	2/07	A010	りんご	200	10	2000

抽出されたレコード

●レコードをグループ化して集計する

もとになるテーブル

売上番号	日付	商品コード	商品名	売値	数量	金額
1	1/10	A030	メロン	1000	1	1000
2	1/15	A010	りんご	200	2	400
3	2/01	A020	みかん	100	5	500
4	2/04	A030	メロン	1000	3	3000
5	2/07	A010	りんご	200	10	2000

クエリ　商品名ごとに金額を集計

クエリにより編成された仮想テーブル

商品名	金額
りんご	2400
みかん	500
メロン	4000

集計されたフィールド

●レコードを並べ替える

もとになるテーブル

売上番号	日付	商品コード	商品名	売値	数量	金額
1	1/10	A030	メロン	1000	1	1000
2	1/15	A010	りんご	200	2	400
3	2/01	A020	みかん	100	5	500
4	2/04	A030	メロン	1000	3	3000
5	2/07	A010	りんご	200	10	2000

クエリ　商品コードを基準に昇順に並べ替え

クエリにより並べ替えられたレコード

売上番号	日付	商品コード	商品名	売値	数量	金額
2	1/15	A010	りんご	200	2	400
5	2/07	A010	りんご	200	10	2000
3	2/01	A020	みかん	100	5	500
1	1/10	A030	メロン	1000	1	1000
4	2/04	A030	メロン	1000	3	3000

並べ替えの基準としたフィールド

2 クエリのビュー

クエリには、いくつかのビューがあります。
基本となるのは、次の2つです。

●データシートビュー

データシートビューは、クエリの実行によって編成された仮想テーブルを表形式で表示するビューです。
データを入力したり、編集したりすることもできます。

●デザインビュー

デザインビューは、テーブルから必要なフィールドを選択したり、レコードを抽出するための条件を設定したりするビューです。
データを入力したり、表示したりすることはできません。

 その他のビュー

クエリにはデータシートビューとデザインビューのほかに、次のビューがあります。

●SQLビュー

クエリをSQL文で表示するビューです。
クエリを作成すると、SQLビューにSQL文が自動的に生成されます。
※Accessの内部では、SQL（Structured Query Language）と呼ばれる言語が使われています。

Step2 得意先電話帳を作成する

1 作成するクエリの確認

次のようなクエリ「**Q得意先電話帳**」を作成しましょう。

フリガナ	得意先名	TEL
アダチスポーツ	足立スポーツ	03-3588-XXXX
イロハツウシンハンバイ	いろは通信販売	03-5553-XXXX
ウミヤマショウジ	海山商事	03-3299-XXXX
オオエドハンバイ	大江戸販売	03-5522-XXXX
カンサイハンバイ	関西販売	03-5000-XXXX
コアラスポーツ	こあらスポーツ	04-2900-XXXX
サイトウスポーツ	サイトウスポーツ	03-5555-XXXX
サクラテニス	さくらテニス	03-3244-XXXX
スターコウコクシャ	スター広告社	03-3286-XXXX
スポーツスクエアトリイ	スポーツクエア鳥居	03-3389-XXXX
スポーツフジ	スポーツ富士	045-788-XXXX
チョウジクラブ	長治クラブ	03-3766-XXXX
ツルタスポーツ	つるたスポーツ	045-242-XXXX
テニスショップフジ	テニスショップ富士	043-278-XXXX
トウキョウフジハンバイ	東京富士販売	03-3888-XXXX
ハマベスポーツテン	浜辺スポーツ店	045-421-XXXX
ヒガシハンバイサービス	東販売サービス	03-3145-XXXX
ヒダカハンバイテン	日高販売店	03-5252-XXXX
フジショウジ	富士商事	03-3330-XXXX
フジスポーツ	富士スポーツ	03-3213-XXXX
フジスポーツクラブ	富士スポーツクラブ	03-3367-XXXX
フジスポーツヨウヒン	富士スポーツ用品	045-261-XXXX
フジツウシンハンバイ	富士通信販売	03-3212-XXXX
フジデパート	富士デパート	03-3203-XXXX
フジハンバイセンター	富士販売センター	043-228-XXXX
マルノウチショウジ	丸の内商事	03-3211-XXXX
ミズホハンバイ	ミズホ販売	03-3111-XXXX
ミドリテニス	みどりテニス	03-5688-XXXX
メグロヤキュウヨウヒン	目黒野球用品	03-3532-XXXX
ヤマオカゴルフ	山岡ゴルフ	03-3262-XXXX
ヤマネコスポーツ	山猫スポーツ	03-3388-XXXX
ヤマノテスポーツヨウヒン	山の手スポーツ用品	03-3297-XXXX

2 クエリの作成

テーブル「**T得意先マスター**」をもとに、デザインビューでクエリを作成しましょう。

①《**作成**》タブを選択します。

②《**クエリ**》グループの (クエリデザイン)をクリックします。

クエリウィンドウと《テーブルの表示》ダイアログボックスが表示されます。

③《テーブル》タブを選択します。

④一覧から「T得意先マスター」を選択します。

⑤《追加》をクリックします。

《テーブルの表示》ダイアログボックスを閉じます。

⑥《閉じる》をクリックします。

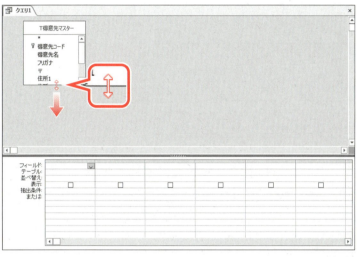

クエリウィンドウにテーブル「T得意先マスター」のフィールドリストが表示されます。

※リボンに《デザイン》タブが追加され、自動的に《デザイン》タブに切り替わります。

フィールドリストのフィールド名がすべて表示されるように、フィールドリストのサイズを調整します。

⑦フィールドリストの下端をポイントします。
マウスポインターの形が $\updownarrow$ に変わります。

⑧下方向にドラッグします。

フィールド名がすべて表示されます。

❗ POINT ▶▶▶

フィールドリストの削除

クエリウィンドウからフィールドリストを削除する方法は、次のとおりです。

◆フィールドリストを選択→ Delete

フィールドリストの追加

《テーブルの表示》ダイアログボックスを再表示し、クエリウィンドウにフィールドリストを追加する方法は、次のとおりです。

◆《デザイン》タブ→《クエリ設定》グループの ▥ (テーブルの表示)→追加するオブジェクトを選択→《追加》

96

POINT ▶▶▶

クエリの作成方法

クエリを作成する方法には、次のようなものがあります。

●デザインビューで作成

《作成》タブ→《クエリ》グループの　（クエリデザイン）をクリックして、デザインビューからクエリを作成します。テーブルから必要なフィールドを選択し、目的に合わせて加工します。また、レコードを抽出するための条件も設定できます。

●クエリウィザードで作成

《作成》タブ→《クエリ》グループの　（クエリウィザード）をクリックして、クエリウィザードからクエリを作成します。対話形式で必要なフィールドを選択し、クエリを作成します。

3 デザインビューの画面構成

デザインビューの各部の名称と役割を確認しましょう。

❶タブ
クエリ名が表示されます。

❷フィールドリスト
クエリのもとになるテーブルのフィールド名が一覧で表示されます。
デザイングリッドにフィールドを登録するときに使います。

❸デザイングリッド
データシートビューで表示するフィールドを登録し、並べ替えや抽出条件などを設定できます。
デザイングリッドのひとつひとつのます目を「**セル**」といいます。

❹フィールドセレクター
デザイングリッドのフィールドを選択するときに使います。

98

4 フィールドの登録

「得意先名」「フリガナ」「TEL」フィールドを、デザイングリッドに登録しましょう。

①フィールドリストの**「得意先名」**をダブルクリックします。
「得意先名」がデザイングリッドに登録されます。

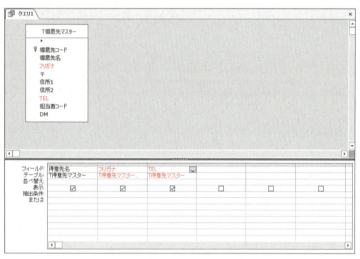

②同様に、**「フリガナ」**と**「TEL」**を登録します。

その他の方法（フィールドの登録）

◆フィールドを選択→デザイングリッドへドラッグ

POINT ▶▶▶

フィールドの削除

デザイングリッドに登録したフィールドを削除する方法は、次のとおりです。
◆フィールドセレクターをクリック→ Delete
※デザイングリッドからフィールドを削除しても、実際のデータは削除されません。

5 クエリの実行

クエリの実行結果を確認しましょう。
データシートビューに切り替えることで、クエリを実行できます。

①《デザイン》タブを選択します。
②《結果》グループの（表示）をクリックします。

クエリが実行され、データシートビューに切り替わります。

③「**得意先名**」「**フリガナ**」「**TEL**」の3つのフィールドが表示されていることを確認します。

 その他の方法（クエリの実行）

STEP UP ◆《デザイン》タブ→《結果》グループの （実行）

POINT ▶▶▶
クエリの実行結果
クエリの実行によって編成された仮想テーブルのデータを変更すると、もとになるテーブルに反映されます。

100

6 並べ替え

クエリでは、特定のフィールドを基準に、レコードを並べ替えることができます。

1 並べ替えの順序

並べ替えの順序には**「昇順」**と**「降順」**があります。

●昇順

数値：0→9
英字：A→Z
日付：古→新
かな：あ→ん

●降順

数値：9→0
英字：Z→A
日付：新→古
かな：ん→あ

2 並べ替え

「**フリガナ**」フィールドを基準に五十音順（あ→ん）に並べ替えましょう。

デザインビューに切り替えます。
①《**ホーム**》タブを選択します。
②《**表示**》グループの （表示）をクリックします。

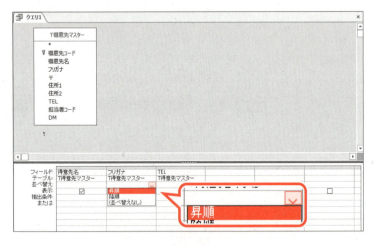

並べ替えを設定します。
③デザイングリッドの「**フリガナ**」フィールドの《**並べ替え**》セルをクリックします。
 が表示されます。
④ をクリックし、一覧から《**昇順**》を選択します。

クエリを実行して、結果を確認します。
⑤《**デザイン**》タブを選択します。
⑥《**結果**》グループの （表示）をクリックします。

データシートビューに切り替わり、「**フリガナ**」フィールドを基準に五十音順に並び替わります。

7 フィールドの入れ替え

フィールドを入れ替えて、表示順を変更しましょう。
「フリガナ」フィールドを一番左に移動します。

デザインビューに切り替えます。
①《**ホーム**》タブを選択します。
②《**表示**》グループの ☒ (表示)をクリックします。
③**「フリガナ」**フィールドのフィールドセレクターをポイントします。
マウスポインターの形が ↓ に変わります。
④クリックします。

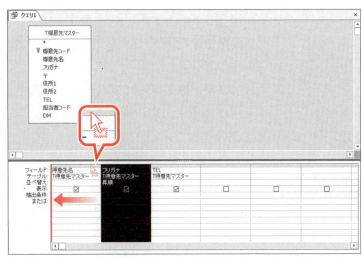

「フリガナ」フィールドが選択されます。
⑤**「フリガナ」**フィールドのフィールドセレクターをポイントします。
マウスポインターの形が ↖ に変わります。
⑥左方向にドラッグします。
ドラッグ中、マウスポインターの形が ↖ に変わり、移動先に境界線が表示されます。

「フリガナ」フィールドが一番左に移動されます。
※任意の場所をクリックし、選択を解除しておきましょう。

クエリを実行して、結果を確認します。

⑦《デザイン》タブを選択します。
⑧《結果》グループの ▦ (表示) をクリックします。
⑨「フリガナ」フィールドが移動されたことを確認します。

8 クエリの保存

作成したクエリに「**Q得意先電話帳**」と名前を付けて保存しましょう。

① F12 を押します。
《**名前を付けて保存**》ダイアログボックスが表示されます。
②《'クエリ1'の保存先》に「**Q得意先電話帳**」と入力します。
③《OK》をクリックします。

クエリが保存されます。
④タブとナビゲーションウィンドウにクエリ名が表示されていることを確認します。
※クエリ名が表示されない場合はナビゲーションウィンドウのメニューから《すべてのAccessオブジェクト》を選択します。

クエリを閉じます。
⑤クエリウィンドウの × ('Q得意先電話帳'を閉じる) をクリックします。

クエリの保存

クエリを保存すると、データそのものではなく、表示するフィールドや並べ替え、計算式などの設定情報が保存されます。クエリは、実行時にこれらの設定情報を利用して、テーブルに格納されたデータを加工して表示します。
したがって、テーブルのデータを変更すると、クエリの抽出結果や計算結果に変更が自動的に反映されます。

Step3 得意先マスターを作成する

1 作成するクエリの確認

次のようなクエリ「**Q得意先マスター**」を作成しましょう。

得意先コード	得意先名	フリガナ	〒	住所1	住所2	TEL	担当者コード	担当者名	DM
10010	丸の内商事	マルノウチショウジ	100-0005	東京都千代田区丸の内2-X-X	第3千代田ビル	03-3211-XXXX	110	山木 由美	☑
10020	富士スポーツ	フジスポーツ	100-0005	東京都千代田区丸の内1-X-X	東京ビル	03-3213-XXXX	140	吉岡 雄介	☑
10030	さくらテニス	サクラテニス	111-0031	東京都台東区千束1-X-X	大手町フラワービル7F	03-3244-XXXX	110	山木 由美	☐
10040	スター広告社	スターコウコクシャ	176-0002	東京都練馬区桜台3-X-X		03-3286-XXXX	130	安藤 百合子	☐
10050	足立スポーツ	アダチスポーツ	131-0033	東京都墨田区向島1-X-X	足立ビル11F	03-3588-XXXX	150	福田 進	☑
10060	関西販売	カンサイハンバイ	108-0075	東京都港区港南5-X-X	江戸ビル	03-5000-XXXX	150	福田 進	☑
10070	山岡ゴルフ	ヤマオカゴルフ	100-0004	東京都千代田区大手町1-X-X	大手町第一ビル	03-3262-XXXX	110	山木 由美	☑
10080	日高販売店	ヒダカハンバイテン	100-0005	東京都千代田区丸の内2-X-X	平ビル	03-5252-XXXX	140	吉岡 雄介	☐
10090	大江戸販売	オオエドハンバイ	100-0013	東京都千代田区霞が関2-X-X	大江戸ビル6F	03-5522-XXXX	110	山木 由美	☑
10100	山の手スポーツ用品	ヤマノテスポーツヨウヒン	103-0027	東京都中央区日本橋1-X-X	日本橋ビル	03-3297-XXXX	120	佐伯 浩太	☐
10110	海山商事	ウミヤマショウジ	102-0083	東京都千代田区麹町3-X-X	NHビル	03-3299-XXXX	120	佐伯 浩太	☑
10120	山猫スポーツ	ヤマネコスポーツ	102-0082	東京都千代田区一番町5-XX	ヤマネコガーデン4F	03-3388-XXXX	150	福田 進	☑
10130	サイトウスポーツ	サイトウスポーツ	105-0001	東京都港区虎ノ門4-X-X	虎ノ門ビル17F	03-5555-XXXX	140	吉岡 雄介	☑
10140	富士商会	フジショウジ	106-0031	東京都港区西麻布4-X-X		03-3330-XXXX	120	佐伯 浩太	☐
10150	長治クラブ	チョウジクラブ	104-0032	東京都中央区八丁堀3-X-X	長治ビル	03-3766-XXXX	150	福田 進	☑
10160	みどりテニス	ミドリテニス	150-0047	東京都渋谷区神山町1-XX		03-5688-XXXX	150	福田 進	☑
10170	東京富士販売	トウキョウフジハンバイ	150-0046	東京都渋谷区松濤1-X-X	渋谷第2ビル	03-3888-XXXX	120	佐伯 浩太	☐
10180	いろは通信販売	イロハツウシンハンバイ	151-0063	東京都渋谷区富ヶ谷2-X-X		03-5553-XXXX	130	安藤 百合子	☑
10190	目黒野球用品	メグロヤキュウヨウヒン	169-0071	東京都新宿区戸塚町1-X-X	目黒野球用品本社ビル	03-3532-XXXX	130	安藤 百合子	☑
10200	ミズホ販売	ミズホハンバイ	162-0811	東京都新宿区水道町5-XX	水道橋大通ビル	03-3111-XXXX	150	福田 進	☑
10210	富士デパート	フジデパート	160-0001	東京都新宿区片町1-X-X	片町第6ビル	03-3203-XXXX	130	安藤 百合子	☑
10220	富士スポーツクラブ	フジスポーツクラブ	135-0063	東京都江東区有明1-X-X	有明SSビル7F	03-3367-XXXX	130	安藤 百合子	☑
10230	スポーツスクエア鳥居	スポーツスクエアトリイ	142-0053	東京都品川区中延5-X-X		03-3389-XXXX	150	福田 進	☑
10240	東販売サービス	ヒガシハンバイサービス	143-0013	東京都大田区大森南3-X-X	大森ビル11F	03-3145-XXXX	150	福田 進	☑
10250	富士通信販売	フジツウシンハンバイ	175-0093	東京都板橋区赤塚新町3-X-X	富士通ビル	03-3212-XXXX	120	佐伯 浩太	☑
20010	スポーツ富士	スポーツフジ	236-0021	神奈川県横浜市金沢区泥亀2-X-X		045-788-XXXX	140	吉岡 雄介	☑
20020	つるたスポーツ	ツルタスポーツ	231-0051	神奈川県横浜市中区赤門町2-X-X		045-242-XXXX	110	山木 由美	☑
20030	富士スポーツ用品	フジスポーツヨウヒン	231-0045	神奈川県横浜市中区伊勢佐木町3-X-X	伊勢佐木モール	045-261-XXXX	150	福田 進	☐
20040	浜辺スポーツ店	ハマベスポーッテン	221-0012	神奈川県横浜市神奈川区子安台1-X-X	子安台フルハートビル	045-421-XXXX	140	吉岡 雄介	☑
30010	富士販売センター	フジハンバイセンター	264-0031	千葉県千葉市若葉区愛生町5-XX		043-228-XXXX	120	佐伯 浩太	☑
30020	テニスショップ富士	テニスショップフジ	261-0012	千葉県千葉市美浜区磯辺4-X-X		043-278-XXXX	120	佐伯 浩太	☑
40010	こあらスポーツ	コアラスポーツ	358-0002	埼玉県入間市東町1-X-X		04-2900-XXXX	110	山木 由美	☐

テーブル「**T担当者マスター**」から自動的に参照

2 クエリの作成

テーブル「**T得意先マスター**」とテーブル「**T担当者マスター**」をもとに、クエリ「**Q得意先マスター**」を作成しましょう。

①《**作成**》タブを選択します。
②《**クエリ**》グループの (クエリデザイン)をクリックします。

104

クエリウィンドウと《テーブルの表示》ダイアログボックスが表示されます。

③《テーブル》タブを選択します。

④一覧から「T担当者マスター」を選択します。

⑤ Shift を押しながら、「T得意先マスター」を選択します。

⑥《追加》をクリックします。

《テーブルの表示》ダイアログボックスを閉じます。

⑦《閉じる》をクリックします。

クエリウィンドウに2つのテーブルのフィールドリストが表示されます。

⑧リレーションシップの結合線が表示されていることを確認します。

※図のように、フィールドリストのサイズを調整しておきましょう。

⑨次の順番でフィールドをデザイングリッドに登録します。

テーブル	フィールド
T得意先マスター	得意先コード
〃	得意先名
〃	フリガナ
〃	〒
〃	住所1
〃	住所2
〃	TEL
〃	担当者コード
T担当者マスター	担当者名
T得意先マスター	DM

※スクロールして、デザイングリッドに登録したフィールドを確認しましょう。

得意先コードを基準に昇順に並べ替えます。

⑩「**得意先コード**」フィールドの《**並べ替え**》セルをクリックします。

⑪ ￪ をクリックし、一覧から《**昇順**》を選択します。

クエリを実行して、結果を確認します。

⑫《**デザイン**》タブを選択します。

⑬《**結果**》グループの ▦ (表示)をクリックします。

データシートビューに切り替わります。

⑭「**得意先コード**」フィールドを基準に昇順に並び替わり、「**担当者名**」フィールドが参照されていることを確認します。

※一覧に表示されていない場合は、スクロールして調整します。

作成したクエリを保存します。

⑮ F12 を押します。

《**名前を付けて保存**》ダイアログボックスが表示されます。

⑯《**'クエリ1'の保存先**》に「**Q得意先マスター**」と入力します。

⑰《**OK**》をクリックします。

クエリが保存されます。

※クエリを閉じておきましょう。

106

Step 4 売上データを作成する

1 作成するクエリの確認

次のようなクエリ「**Q売上データ**」を作成しましょう。

- テーブル「T得意先マスター」から自動的に参照
- テーブル「T担当者マスター」から自動的に参照
- テーブル「T商品マスター」から自動的に参照
- 既存のフィールドをもとに計算

2 クエリの作成

「T売上データ」「T得意先マスター」「T担当者マスター」「T商品マスター」の4つのテーブルをもとに、クエリ「**Q売上データ**」を作成しましょう。

①《作成》タブを選択します。
②《クエリ》グループの （クエリデザイン）をクリックします。

クエリウィンドウと《テーブルの表示》ダイアログボックスが表示されます。

③《テーブル》タブを選択します。

④一覧から「T商品マスター」を選択します。

⑤ Shift を押しながら、「T売上データ」を選択します。

⑥《追加》をクリックします。

《テーブルの表示》ダイアログボックスを閉じます。

⑦《閉じる》をクリックします。

クエリウィンドウに4つのテーブルのフィールドリストが表示されます。

⑧リレーションシップの結合線が表示されていることを確認します。

※図のように、フィールドリストのサイズを調整しておきましょう。

リレーションシップの設定を見やすくするために、フィールドリストの配置を変更します。

テーブル「T担当者マスター」のフィールドリストを移動します。

⑨フィールドリストのタイトルバーを図のようにドラッグします。

108

テーブル「**T売上データ**」のフィールドリストを移動します。

⑩フィールドリストのタイトルバーを図のようにドラッグします。

フィールドリストが移動されます。
※図のようにフィールドリストを配置しておきましょう。

⑪次の順番でフィールドをデザイングリッドに登録します。

テーブル	フィールド
T売上データ	売上番号
〃	売上日
〃	得意先コード
T得意先マスター	得意先名
〃	担当者コード
T担当者マスター	担当者名
T売上データ	商品コード
T商品マスター	商品名
〃	単価
T売上データ	数量

※スクロールして、デザイングリッドに登録したフィールドを確認しましょう。

「**売上番号**」フィールドを基準に昇順に並べ替えます。

⑫「**売上番号**」フィールドの《**並べ替え**》セルをクリックします。

⑬ ▼ をクリックし、一覧から《**昇順**》を選択します。

クエリを実行して、結果を確認します。

⑭《デザイン》タブを選択します。

⑮《結果》グループの 🖩 (表示) をクリックします。

データシートビューに切り替わります。

⑯「売上番号」フィールドを基準に昇順に並び替わり、次の各フィールドが参照されていることを確認します。

> 得意先名
> 担当者コード
> 担当者名
> 商品名
> 単価

3 演算フィールドの作成

次のように、金額を表示する演算フィールドを作成しましょう。

演算フィールド

売上番号	売上日	得意先コード	得意先名	担当者コード	担当者名	商品コード	商品名	単価	数量	金額
1	2016/04/01	10010	丸の内商事	110	山木 由美	1020	バット（金属製）	¥15,000	5	¥75,000
2	2016/04/01	10220	富士スポーツクラブ	130	安藤 百合子	2030	ゴルフシューズ	¥28,000	3	¥84,000
3	2016/04/04	20020	つるたスポーツ	110	山木 由美	3020	スキーブーツ	¥23,000	5	¥115,000
4	2016/04/04	10240	東販売サービス	150	福田 進	1010	バット（木製）	¥18,000	4	¥72,000
5	2016/04/05	10020	富士スポーツ	140	吉岡 雄介	3010	スキー板	¥55,000	10	¥550,000
6	2016/04/06	20040	浜辺スポーツ店	140	吉岡 雄介	1020	バット（金属製）	¥15,000	4	¥60,000
7	2016/04/07	10220	富士スポーツクラブ	130	安藤 百合子	4010	テニスラケット	¥16,000	15	¥240,000
8	2016/04/07	10210	富士デパート	130	安藤 百合子	1030	野球グローブ	¥19,800	20	¥396,000
9	2016/04/08	30010	富士販売センター	120	佐伯 浩太	1020	バット（金属製）	¥15,000	30	¥450,000
10	2016/04/08	10020	富士スポーツ	140	吉岡 雄介	5010	トレーナー	¥9,800	10	¥98,000
11	2016/04/11	10120	山猫スポーツ	150	福田 進	2010	ゴルフクラブ	¥68,000	15	¥1,020,000
12	2016/04/11	10110	海山商事	120	佐伯 浩太	2030	ゴルフシューズ	¥28,000	4	¥112,000
13	2016/04/12	20020	つるたスポーツ	110	山木 由美	3010	スキー板	¥55,000	4	¥220,000
14	2016/04/12	10020	富士スポーツ	140	吉岡 雄介	2010	ゴルフクラブ	¥68,000	2	¥136,000
15	2016/04/12	10010	丸の内商事	110	山木 由美	4020	テニスボール	¥1,500	50	¥75,000
16	2016/04/13	20040	浜辺スポーツ店	140	吉岡 雄介	3020	スキーブーツ	¥23,000	10	¥230,000
17	2016/04/13	10050	足立スポーツ	150	福田 進	1020	バット（金属製）	¥15,000	5	¥75,000
18	2016/04/14	10010	丸の内商事	110	山木 由美	2010	ゴルフクラブ	¥68,000	25	¥1,700,000
19	2016/04/14	10180	いろは通信販売	130	安藤 百合子	3020	スキーブーツ	¥23,000	6	¥138,000
20	2016/04/14	10020	富士スポーツ	140	吉岡 雄介	2010	ゴルフクラブ	¥68,000	30	¥2,040,000
21	2016/04/15	40010	こあらスポーツ	110	山木 由美	4020	テニスボール	¥1,500	2	¥3,000
22	2016/04/15	10060	関西販売	150	福田 進	1030	野球グローブ	¥19,800	2	¥39,600
23	2016/04/18	10080	日高販売店	140	吉岡 雄介	1010	バット（木製）	¥18,000	10	¥180,000
24	2016/04/18	10100	山の手スポーツ用品	120	佐伯 浩太	1020	バット（金属製）	¥15,000	12	¥180,000
25	2016/04/19	10120	山猫スポーツ	150	福田 進	1030	野球グローブ	¥19,800	5	¥99,000
26	2016/04/19	10020	富士スポーツ	140	吉岡 雄介	1010	バット（木製）	¥18,000	3	¥54,000
27	2016/04/20	10020	富士スポーツ	140	吉岡 雄介	5010	トレーナー	¥9,800	5	¥49,000
28	2016/04/21	10180	いろは通信販売	130	安藤 百合子	2010	ゴルフクラブ	¥68,000	3	¥204,000
29	2016/04/21	10060	関西販売	150	福田 進	1020	バット（金属製）	¥15,000	9	¥135,000

レコード: 1 / 161　フィルターなし　検索

110

1 演算フィールド

「演算フィールド」とは、既存のフィールドをもとに計算式を入力し、その計算結果を表示するフィールドのことです。

演算フィールドは計算式だけを定義したフィールドです。計算結果はテーブルに蓄積されないので、ディスク容量を節約できます。もとのフィールドの値が変化すれば、計算結果も自動的に再計算されます。

クエリのデザイングリッドに演算フィールドを作成するには、**《フィールド》**セルに次のように入力します。

金額：[単価]＊[数量]
　❶　❷　　　❸

❶作成するフィールド名
❷：(コロン)
❸計算式

※フィールド名の[ ]は省略できます。「：(コロン)」や算術演算子は半角で入力します。

❗ POINT ▶▶▶

算術演算子

演算フィールドでは、次のような算術演算子を使います。

算術演算子	意味
＋	加算
－	減算
＊	乗算
／	除算
^	べき乗

2 演算フィールドの作成

「**金額**」フィールドを作成しましょう。「**金額**」は「**単価**」×「**数量**」で求めます。

デザインビューに切り替えます。
① 《**ホーム**》タブを選択します。
② 《**表示**》グループの ▨ (表示) をクリックします。
③ 「**数量**」フィールドの右の《**フィールド**》セルに次のように入力します。

金額：[単価]＊[数量]

※記号は半角で入力します。入力の際、[ ]は省略できます。

クエリを実行して、結果を確認します。
④ 《**デザイン**》タブを選択します。
⑤ 《**結果**》グループの ▨ (表示) をクリックします。
⑥ 「**金額**」フィールドが作成され、計算結果が表示されていることを確認します。
※一覧に表示されていない場合は、スクロールして調整します。

作成したクエリを保存します。
⑦ [F12] を押します。
《**名前を付けて保存**》ダイアログボックスが表示されます。
⑧ 《'**クエリ1**'**の保存先**》に「**Q売上データ**」と入力します。
⑨ 《**OK**》をクリックします。
クエリが保存されます。
※クエリを閉じておきましょう。

ためしてみよう

① クエリ「Q売上データ」をデザインビューで開きましょう。

> **Hint** ナビゲーションウィンドウのクエリ名を右クリック→《デザインビュー》を使います。

②「金額」フィールドの右に「消費税」フィールドを作成しましょう。「金額×0.08」を表示します。
③「消費税」フィールドの右に「税込金額」フィールドを作成しましょう。「金額+消費税」を表示します。
※クエリを実行して、結果を確認しましょう。一覧に表示されていない場合は、スクロールして調整します。
※クエリを上書き保存し、閉じておきましょう。

Let's Try Answer

①
①ナビゲーションウィンドウのクエリ「Q売上データ」を右クリック
②《デザインビュー》をクリック

②
①「金額」フィールドの右の《フィールド》セルに「消費税:[金額]*0.08」と入力
※数字と記号は半角で入力します。入力の際、[ ]は省略できます。

③
①「消費税」フィールドの右の《フィールド》セルに「税込金額:[金額]+[消費税]」と入力
※記号は半角で入力します。入力の際、[ ]は省略できます。
※「税込金額」フィールドのフィールドセレクターの右側の境界線をダブルクリックし、列幅を調整して、計算式を確認しましょう。

第6章

Chapter 6

フォームによる
データの入力

Check	この章で学ぶこと	115
Step1	フォームの概要	116
Step2	商品マスターの入力画面を作成する	118
Step3	商品マスターの入力画面を編集する	129
Step4	得意先マスターの入力画面を作成する	132
Step5	売上データの入力画面を作成する	145
Step6	担当者マスターの入力画面を作成する	156

Chapter 6

この章で学ぶこと

学習前に習得すべきポイントを理解しておき、
学習後には確実に習得できたかどうかを振り返りましょう。

1 フォームで何ができるかを説明できる。 → P.116

2 フォームのビューの違いを理解し、使い分けることができる。 → P.117

3 フォームウィザードでフォームを作成できる。 → P.118

4 フォームにデータを入力できる。 → P.125

5 コントロールのサイズを変更できる。 → P.131

6 コントロールを削除できる。 → P.136

7 コントロールを移動できる。 → P.137

8 コントロールの書式を設定できる。 → P.139

9 データを書き換えることのないように、コントロールにプロパティを設定できる。 → P.142

10 カーソルが移動しないように、コントロールにプロパティを設定できる。 → P.143

11 複数のレコードを一覧で表示するフォームを作成できる。 → P.157

115

Step 1 フォームの概要

1 フォームの概要

「**フォーム**」とは、効率よくデータを入力したり、更新したりするためのオブジェクトです。
フォームを利用すると、1レコードを1画面に表示したり、帳票形式で表示したりできるので、データの入力が容易になります。

2 フォームのビュー

フォームには、次のようなビューがあります。

●フォームビュー

フォームビューは、データ入力用のビューです。データを入力したり、更新したりします。
フォームのレイアウトを変更したり、構造を定義したりすることはできません。

●レイアウトビュー

レイアウトビューは、フォームの基本的なレイアウトを変更するビューです。実際のデータを表示した状態で、データに合わせてサイズや位置を調整することができます。
データを入力することはできません。

●デザインビュー

デザインビューは、フォームの構造の詳細を変更するビューです。実際のデータは表示されませんが、レイアウトビューよりもより細かくデザインを変更することができます。
データを入力することはできません。

Step2 商品マスターの入力画面を作成する

1 作成するフォームの確認

次のようなフォーム「**F商品マスター**」を作成しましょう。

2 フォームの作成

フォームウィザードを使って、テーブル「**T商品マスター**」をもとに、フォーム「**F商品マスター**」を作成しましょう。

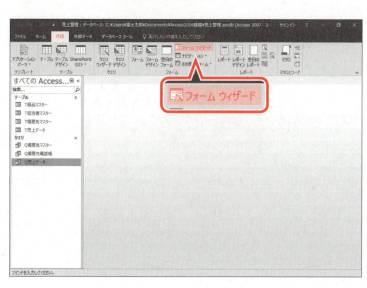

①《**作成**》タブを選択します。
②《**フォーム**》グループの ■フォーム ウィザード （フォームウィザード）をクリックします。

118

フィールド選択ボタン

《フォームウィザード》が表示されます。
③《テーブル/クエリ》の　をクリックし、一覧から「テーブル：T商品マスター」を選択します。
フォームに必要なフィールドを選択します。
④《選択可能なフィールド》の一覧から「商品コード」を選択します。
⑤フィールド選択ボタンの　＞　をクリックします。

POINT ▶▶▶

フィールド選択ボタン
すべてのフィールドを一度に選択したり、選択したフィールドを解除したりできます。

ボタン	説明
＞	フィールドを選択する
＞＞	すべてのフィールドを選択する
＜	選択したフィールドを解除する
＜＜	選択したすべてのフィールドを解除する

《選択したフィールド》に「商品コード」が移動します。
⑥同様に、《選択したフィールド》に「商品名」「単価」「商品画像」を移動します。
⑦《次へ》をクリックします。

フォームのレイアウトを指定します。
⑧《単票形式》を◉にします。
⑨《次へ》をクリックします。

フォーム名を入力します。

⑩《フォーム名を指定してください。》に「F商品マスター」と入力します。

⑪《フォームを開いてデータを入力する》を◉にします。

⑫《完了》をクリックします。

作成したフォームがフォームビューで表示されます。

データをフォームビューで確認します。

⑬1件目のレコードが表示されていることを確認します。

⑭ ▶ (次のレコード)をクリックします。

2件目のレコードが表示されます。

⑮同様に、最終のレコードまで確認します。

120

POINT ▶▶▶

フォームのレイアウト

フォームのレイアウトには、次の4つの形式があります。

●単票形式
1件のレコードを1枚のカードのように表示します。

●表形式
レコードを一覧で表示します。

●データシート
レコードを一覧で表示します。
表形式より多くのデータを表示できます。

●帳票形式
1件のレコードを1枚の帳票のように表示します。

POINT ▶▶▶

フォームの作成方法

フォームを作成する方法には、次のようなものがあります。

● ▣(フォーム)で作成

ナビゲーションウィンドウのテーブルやクエリを選択して《作成》タブ→《フォーム》グループの▣(フォーム)をクリックするだけで、フォームが自動的に作成されます。
もとになるテーブルやクエリのすべてのフィールドがフォームに表示されます。

●デザインビューで作成

《作成》タブ→《フォーム》グループの▣(フォームデザイン)をクリックして、デザインビューから空白のフォームを作成します。
もとになるテーブルやフィールド、表示形式などを手動で設定し、フォームを作成します。

●レイアウトビューで作成

《作成》タブ→《フォーム》グループの▣(空白のフォーム)をクリックして、レイアウトビューから空白のフォームを作成します。
もとになるテーブルやフィールド、表示形式などを手動で設定し、フォームを作成します。

●フォームウィザードで作成
《作成》タブ→《フォーム》グループの ■フォームウィザード （フォームウィザード）をクリックして対話形式で設問に答えることにより、もとになるテーブルやクエリ、フィールド、表示形式などが自動的に設定され、フォームが作成されます。

●《複数のアイテム》で作成
ナビゲーションウィンドウのテーブルやクエリを選択して《作成》タブ→《フォーム》グループの ■その他のフォーム▼ （その他のフォーム）の《複数のアイテム》をクリックするだけで、複数のレコードを表示する表形式のフォームが自動的に作成されます。
もとになるテーブルやクエリのすべてのフィールドがフォームに表示されます。

●《分割フォーム》で作成
ナビゲーションウィンドウのテーブルやクエリを選択して《作成》タブ→《フォーム》グループの ■その他のフォーム▼ （その他のフォーム）の《分割フォーム》をクリックするだけで、フォームレイアウトとデータシートをひとつの画面に表示した分割フォームが自動的に作成されます。フォームレイアウトとデータシートは連動しているので、一方でデータの入力、更新を行うと、もう一方にも自動的に反映されます。
もとになるテーブルやクエリのすべてのフィールドがフォームに表示されます。

3 フォームビューの画面構成

フォームビューの各部の名称と役割を確認しましょう。

❶レコードセレクター

レコードを選択するときに使います。

❷ラベル

タイトルやフィールド名を表示します。

❸テキストボックス

文字列や数値などのデータを表示したり入力したりする領域です。

❹コントロール

ラベルやテキストボックスなどの各要素の総称です。

❺レコード移動ボタン

レコード間でカーソルを移動するときに使います。

ボタン	説明
◄ (先頭レコード)	先頭レコードへ移動する
◄ (前のレコード)	前のレコードへ移動する
11 / 11 (カレントレコード)	現在選択されているレコードの番号と全レコード数を表示する
► (次のレコード)	次のレコードへ移動する
►► (最終レコード)	最終レコードへ移動する
►* (新しい(空の)レコード)	最終レコードの次の新規レコードへ移動する

❻フィルター

フィールドに抽出条件が設定されている場合に、フィルターの適用と解除を切り替えます。

❼検索

検索するフィールドのキーワードを入力します。

4 データの入力

フォーム「**F商品マスター**」はテーブル「**T商品マスター**」をもとに作成されています。入力したデータは、もとになるテーブル「**T商品マスター**」に格納されます。
次のデータを入力しましょう。

商品コード	商品名	単価
5020	ポロシャツ	¥5,500

新規レコードの入力画面を表示します。
①　(新しい(空の)レコード)をクリックします。

②「**商品コード**」テキストボックスに「**5020**」と入力します。
※半角で入力します。
③ Tab または Enter を押します。
カーソルが「**商品名**」テキストボックスに移動します。
④「**ポロシャツ**」と入力します。
⑤ Tab または Enter を押します。
カーソルが「**単価**」テキストボックスに移動します。
⑥「**5500**」と入力します。
⑦ Tab または Enter を押します。

「商品画像」ボックスが選択されます。

⑧「商品画像」ボックスをダブルクリックします。

《添付ファイル》ダイアログボックスが表示されます。

⑨《追加》をクリックします。

《ファイルの選択》ダイアログボックスが表示されます。

⑩左側の一覧から《ドキュメント》を選択します。

※《ドキュメント》が表示されていない場合は、《PC》をダブルクリックします。

⑪右側の一覧から「Access2016基礎」を選択します。

⑫《開く》をクリックします。

開くファイルを選択します。

⑬一覧から「5020.gif」を選択します。

⑭《開く》をクリックします。

《添付ファイル》ダイアログボックスに戻ります。

⑮一覧に「**5020.gif**」が表示されていることを確認します。

⑯《**OK**》をクリックします。

添付ファイルが表示されます。
フォームを閉じます。

⑰フォームウィンドウの × ('F商品マスター'を閉じる)をクリックします。

その他の方法（データの入力）
◆ Ctrl + +

> **POINT ▶▶▶**
>
> ### レコードセレクターの表示
> レコードセレクターに表示されるアイコンの意味は、次のとおりです。
>
> | アイコン | 説明 |
> | --- | --- |
> | ▶ | 処理対象のレコード |
> | ✎ | 入力中のレコード |

> **POINT ▶▶▶**
>
> ### レコードの保存
> レコードを入力すると、自動的にテーブルに保存されます。保存されるタイミングは、次のとおりです。
> - ●別のレコードにカーソルを移動する
> - ●フォームを閉じる
> - ●データベースを閉じる
> - ●Accessを終了する
>
> ※自動的にレコードが保存される前に、入力をキャンセルしたいときは Esc を押します。

5 テーブルの確認

入力したデータがテーブル「**T商品マスター**」に格納されていることを確認しましょう。
テーブル「**T商品マスター**」をデータシートビューで開きます。

① ナビゲーションウィンドウのテーブル「**T商品マスター**」をダブルクリックします。

② 最終行に、入力したデータが格納されていることを確認します。

※《フィールドリスト》が表示された場合は、×（閉じる）をクリックして閉じておきましょう。
※テーブルを閉じておきましょう。

Step3 商品マスターの入力画面を編集する

1 編集するフォームの確認

次のようにフォーム「F商品マスター」を編集しましょう。

コントロールのサイズ変更

2 レイアウトビューで開く

レイアウトビューでは、フォームの基本的なレイアウトを変更できます。実際のデータが表示されるので、データに合わせてコントロールのサイズや位置を調整することができます。
フォーム「F商品マスター」をレイアウトビューで開きましょう。

①ナビゲーションウィンドウのフォーム「F商品マスター」を右クリックします。
②《レイアウトビュー》をクリックします。

フォームがレイアウトビューで開かれます。
※リボンに《デザイン》タブ・《配置》タブ・《書式》タブが追加され、自動的に《デザイン》タブに切り替わります。

130

3 コントロールのサイズ変更

「商品画像」ボックスのサイズを拡大し、表示される画像のサイズを変更しましょう。

①「商品画像」ボックスをクリックします。
「商品画像」ボックスが選択されます。
②右下の境界線をポイントします。
マウスポインターの形が に変わります。

③図のようにドラッグします。

「商品画像」ボックスのサイズに合わせて、画像のサイズが変更されます。
※フォームを上書き保存し、閉じておきましょう。

Step 4 得意先マスターの入力画面を作成する

1 作成するフォームの確認

次のようなフォーム「**F得意先マスター**」を作成しましょう。

2 フォームの作成

フォームウィザードを使って、クエリ「**Q得意先マスター**」をもとに、フォーム「**F得意先マスター**」を作成しましょう。

①《**作成**》タブを選択します。
②《**フォーム**》グループの （フォームウィザード）をクリックします。

《フォームウィザード》が表示されます。
③《テーブル/クエリ》の▽をクリックし、一覧から「クエリ：Q得意先マスター」を選択します。
すべてのフィールドを選択します。
④ >> をクリックします。
《選択したフィールド》にすべてのフィールドが移動します。
⑤《次へ》をクリックします。

データの表示方法を指定します。
⑥「byT得意先マスター」が選択されていることを確認します。
⑦《次へ》をクリックします。

フォームのレイアウトを指定します。
⑧《単票形式》を◉にします。
⑨《次へ》をクリックします。

フォーム名を入力します。

⑩《フォーム名を指定してください。》に「F得意先マスター」と入力します。

⑪《フォームを開いてデータを入力する》を◉にします。

⑫《完了》をクリックします。

作成したフォームがフォームビューで表示されます。

データをフォームビューで確認します。

⑬1件目のレコードが表示されていることを確認します。

⑭ ▶ (次のレコード)をクリックします。

2件目のレコードが表示されます。

⑮同様に、最終のレコードまで確認します。

3 データの入力

フォーム「**F得意先マスター**」はクエリ「**Q得意先マスター**」をもとに作成されています。入力したデータは、クエリ「**Q得意先マスター**」のもとになるテーブル「**T得意先マスター**」に格納されます。

次のデータを入力しましょう。

得意先コード	得意先名	フリガナ	〒	住所1	住所2	TEL	担当者コード	担当者名	DM
40020	草場スポーツ	クサバスポーツ	350-0001	埼玉県川越市古谷上1-X-X	川越ガーデンビル	049-233-XXXX	140	吉岡 雄介	☑

新規レコードの入力画面を表示します。
① ▶* (新しい(空の)レコード) をクリックします。

②「**得意先コード**」から「**TEL**」まで入力します。
※数字と記号は半角で入力します。
③「**担当者コード**」に「**140**」と入力します。
※半角で入力します。
④ Tab または Enter を押します。
テーブル「**T得意先マスター**」とテーブル「**T担当者マスター**」にはリレーションシップが作成されているので、「**担当者名**」は自動的に参照されます。
⑤「**DM**」チェックボックスを ☑ にします。
※ Tab または Enter を押して、入力中のレコードを保存しましょう。
※テーブル「**T得意先マスター**」を開き、入力したデータが格納されていることを確認しましょう。
※テーブルを閉じておきましょう。

4 編集するフォームの確認

次のようにフォーム「**F得意先マスター**」を編集しましょう。

コントロールの移動　　コントロールの書式設定　　コントロールのサイズ変更
　　　　　　　　　　コントロールのプロパティの設定

5 コントロールの削除

コントロールは必要に応じて削除できます。
「**担当者名**」ラベルを削除しましょう。

レイアウトビューに切り替えます。

①《**ホーム**》タブを選択します。

②《**表示**》グループの　（表示）をクリックします。

※レコード移動ボタンを使って、1件目のレコードを表示しておきましょう。
※リボンに《**デザイン**》タブ・《**配置**》タブ・《**書式**》タブが追加され、自動的に《**デザイン**》タブに切り替わります。
※《**フィールドリスト**》が表示された場合は、（閉じる）をクリックして閉じておきましょう。

136

③「担当者名」ラベルを選択します。
④ Delete を押します。

「担当者名」ラベルが削除されます。

6 コントロールのサイズ変更と移動

コントロールのサイズや位置を変更できます。レイアウトビューを使うと、実際のデータを表示した状態で、データに合わせて調整することができます。
各テキストボックスのサイズを調整し、「担当者名」テキストボックスを移動しましょう。

「住所1」テキストボックスのサイズを調整します。
※ここでは32件目のレコード（得意先コード「20030」のレコード）を表示しておきましょう。
①「住所1」テキストボックスを選択します。
②テキストボックスの右端をポイントします。
マウスポインターの形が ↔ に変わります。
③図のようにドラッグします。

「**住所1**」テキストボックスのサイズが変更されます。

④同様に、「**TEL**」テキストボックスのサイズを調整します。

F得意先マスター
F得意先マスター

得意先コード	20030
得意先名	富士スポーツ用品
フリガナ	フジスポーツヨウヒン
〒	231-0045
住所1	神奈川県横浜市中区伊勢佐木町3-X-X
住所2	伊勢佐木モール
TEL	045-261-XXXX
担当者コード	150
	福田 進
DM	☐

レコード: Ⅰ◀ ◀ 32 / 33 ▶ ▶Ⅰ ▶▣ フィルターなし 検索

「**担当者名**」テキストボックスを「**担当者コード**」テキストボックスの右に移動します。

⑤「**担当者名**」テキストボックスを選択します。

⑥枠線内をポイントします。

マウスポインターの形が に変わります。

⑦図のようにドラッグします。

F得意先マスター
F得意先マスター

得意先コード	20030
得意先名	富士スポーツ用品
フリガナ	フジスポーツヨウヒン
〒	231-0045
住所1	神奈川県横浜市中区伊勢佐木町3-X-X
住所2	伊勢佐木モール
TEL	045-261-XXXX
担当者コード	150
	福田 進
DM	☐

レコード: Ⅰ◀ ◀ 32 / 33 ▶ ▶Ⅰ ▶▣ フィルターなし 検索

「**担当者名**」テキストボックスが移動されます。

「**DM**」ラベルとチェックボックスを移動します。

⑧「**DM**」ラベルを選択します。

⑨[Shift]を押しながら、「**DM**」チェックボックスを選択します。

⑩枠線内をポイントします。

マウスポインターの形が に変わります。

⑪図のようにドラッグします。

F得意先マスター
F得意先マスター

得意先コード	20030
得意先名	富士スポーツ用品
フリガナ	フジスポーツヨウヒン
〒	231-0045
住所1	神奈川県横浜市中区伊勢佐木町3-X-X
住所2	伊勢佐木モール
TEL	045-261-XXXX
担当者コード	150 　　福田 進
DM	☐

レコード: Ⅰ◀ ◀ 32 / 33 ▶ ▶Ⅰ ▶▣ フィルターなし 検索

「DM」ラベルとチェックボックスが移動されます。

その他の方法
（コントロールの移動）
◆ ↑ ↓ ← →

その他の方法
（コントロールのサイズ変更）
◆ Shift + ↑ ↓ ← →

コントロールの選択の解除
選択された複数のコントロールのうちのひとつを Ctrl を押しながらクリックすると、そのコントロールの選択を解除できます。

7 コントロールの書式設定

入力する必要のない「担当者名」テキストボックスの書式を変更し、データを入力する際に見分けがつくようにしましょう。

1 コントロールの文字列の色の変更

「担当者名」テキストボックスの文字列の色を「薄い灰色4」に変更しましょう。

①「担当者名」テキストボックスを選択します。
②《書式》タブを選択します。
③《フォント》グループの （フォントの色）の をクリックします。
④《標準の色》の《薄い灰色4》をクリックします。

文字列の色が変更されます。

2 コントロールの枠線の色の変更

「**担当者名**」テキストボックスの枠線の色を透明に変更しましょう。

①「**担当者名**」テキストボックスが選択されていることを確認します。
②《**書式**》タブを選択します。
③《**コントロールの書式設定**》グループの (図形の枠線)をクリックします。
④《**透明**》をクリックします。

枠線の色が透明になります。
※任意の場所をクリックし、選択を解除しておきましょう。

8 コントロールのプロパティの設定

プロパティを設定すると、コントロールの外観や動作を細かく指定できます。

1 プロパティシート

コントロールのプロパティ(属性)は、「**プロパティシート**」で設定します。
プロパティシートはカテゴリごとに分類されています。タブを切り替えて、各プロパティを設定します。

❶《書式》タブ
コントロールのデザインに関するプロパティを設定します。

❷《データ》タブ
コントロールに表示されるデータに関するプロパティを設定します。

❸《イベント》タブ
マクロ・モジュールの動作に関するプロパティを設定します。

❹《その他》タブ
その他のプロパティを設定します。

❺《すべて》タブ
《書式》《データ》《イベント》《その他》タブのすべてのプロパティを設定します。

2 《編集ロック》プロパティ

《編集ロック》プロパティは、コントロールのデータを編集可能な状態にするかどうかを指定します。
「担当者名」テキストボックスは自動的に参照されるので、フォームで入力したり、更新したりすることはありません。担当者名を誤って書き換えることのないように、編集ロックを設定しましょう。

①「**担当者名**」テキストボックスを選択します。
②《**デザイン**》タブを選択します。
③《**ツール**》グループの （プロパティシート）をクリックします。

《プロパティシート》が表示されます。

④《**選択の種類**》のドロップダウンリストボックスに「**担当者名**」と表示されていることを確認します。
⑤《**データ**》タブを選択します。
⑥《**編集ロック**》プロパティをクリックします。
⑦ をクリックし、一覧から《**はい**》を選択します。

《プロパティシート》を閉じます。
⑧ （閉じる）をクリックします。

フォームビューに切り替えて、プロパティの設定を確認します。
⑨《**デザイン**》タブを選択します。
※《**ホーム**》タブでもかまいません。
⑩《**表示**》グループの （表示）をクリックします。
⑪「**担当者名**」テキストボックスをクリックします。
カーソルが「**担当者名**」テキストボックスに移動します。
⑫任意の文字を入力し、修正できないことを確認します。

142

その他の方法（プロパティシートの表示）

◆デザインビューまたはレイアウトビューで表示→コントロールを右クリック→《プロパティ》
◆デザインビューまたはレイアウトビューで表示→コントロールを選択→ F4

3 《使用可能》プロパティ

《使用可能》プロパティは、コントロールにカーソルを移動させるかどうかを指定するプロパティです。

「担当者名」テキストボックスは編集できないので、カーソルが移動しないように設定して、効率よく入力できるようにしましょう。《使用可能》プロパティを《いいえ》に設定しておくと、コントロールにカーソルが移動しなくなります。

レイアウトビューに切り替えます。

① 《ホーム》タブを選択します。
② 《表示》グループの ▦ （表示）をクリックします。
③ 「担当者名」テキストボックスを選択します。
④ 《デザイン》タブを選択します。
⑤ 《ツール》グループの ▦ （プロパティシート）をクリックします。

《プロパティシート》が表示されます。

⑥ 《選択の種類》のドロップダウンリストボックスに「担当者名」と表示されていることを確認します。
⑦ 《データ》タブを選択します。
⑧ 《使用可能》プロパティをクリックします。
⑨ ▽ をクリックし、一覧から《いいえ》を選択します。

《プロパティシート》を閉じます。

⑩ ✕ （閉じる）をクリックします。

フォームビューに切り替えて、プロパティの設定を確認します。

⑪《デザイン》タブを選択します。
※《ホーム》タブでもかまいません。
⑫《表示》グループの （表示）をクリックします。
⑬「**担当者名**」テキストボックスをクリックし、カーソルが移動しないことを確認します。
※フォームを上書き保存し、閉じておきましょう。

POINT ▶▶▶

《使用可能》プロパティと《編集ロック》プロパティ

《使用可能》プロパティと《編集ロック》プロパティの設定結果は、次のとおりです。

		使用可能	
		はい	いいえ
編集ロック	はい	カーソルの移動は可 データの編集は不可	カーソルの移動・データの編集ともに不可
	いいえ	カーソルの移動・データの編集ともに可	カーソルの移動・データの編集ともに不可 ※コントロールの色が薄い灰色に変わります。

※《使用可能》プロパティを《いいえ》に設定すると、《編集ロック》プロパティの設定にかかわらず、編集不可となります。

フォームのもとになるクエリの設定

フォームウィザードで指定したクエリは、作成したフォーム上で完全には認識されない場合があります。例えば、クエリ「Q得意先マスター」で得意先コードを基準に昇順で並べ替えていますが、フォームには反映されていません。クエリでの並べ替えを有効にする場合、次の方法で設定しなおしましょう。

①フォームをレイアウトビューで開きます。
②レコードセレクターをクリックします。
③《デザイン》タブを選択します。
④《ツール》グループの（プロパティシート）をクリックします。
⑤《プロパティシート》の《選択の種類》のドロップダウンリストボックスに「フォーム」と表示されていることを確認します。
⑥《データ》タブを選択します。
⑦《レコードソース》プロパティをクリックします。
⑧ をクリックし、一覧からもとになるクエリを選択します。

144

Step5 売上データの入力画面を作成する

1 作成するフォームの確認

次のようなフォーム「F売上データ」を作成しましょう。

コントロールの書式設定
コントロールのプロパティの設定

2 フォームの作成

フォームウィザードを使って、クエリ「Q売上データ」をもとに、フォーム「F売上データ」を作成しましょう。

①《作成》タブを選択します。
②《フォーム》グループの (フォームウィザード)をクリックします。

《フォームウィザード》が表示されます。
③《テーブル/クエリ》の▽をクリックし、一覧から「クエリ：Q売上データ」を選択します。

すべてのフィールドを選択します。
④ >> をクリックします。

「消費税」フィールドの選択を解除します。
⑤《選択したフィールド》の一覧から「消費税」を選択します。
⑥ < をクリックします。

《選択可能なフィールド》に「消費税」が移動します。
⑦同様に、「税込金額」フィールドの選択を解除します。
⑧《次へ》をクリックします。

フォームのレイアウトを指定します。
⑨《単票形式》を◉にします。
⑩《次へ》をクリックします。

フォーム名を入力します。
⑪《フォーム名を指定してください。》に「F売上データ」と入力します。
⑫《フォームを開いてデータを入力する》を◉にします。
⑬《完了》をクリックします。

146

作成したフォームがフォームビューで表示されます。

3 データの入力

作成したフォームに次のデータを入力しましょう。
「T売上データ」「T得意先マスター」「T担当者マスター」「T商品マスター」の4つのテーブルにはリレーションシップが作成されているので、「**得意先名**」「**担当者コード**」「**担当者名**」「**商品名**」「**単価**」は自動的に参照されます。
また、「**金額**」は演算フィールドなので計算結果が自動的に表示されます。

売上日	得意先コード	得意先名	担当者コード	担当者名	商品コード	商品名	単価	数量	金額
2016/06/28	40020	草場スポーツ	140	吉岡　雄介	5020	ポロシャツ	¥5,500	4	¥22,000

新規レコードの入力画面を表示します。
① ▶*（新しい（空の）レコード）をクリックします。
②「**売上日**」にカーソルを移動します。
③ をクリックします。

カレンダーが表示されます。

④ ◀ または ▶ をクリックし、「2016年6月」
を表示します。

⑤一覧から「28」をクリックします。

※ ▦ をクリックせずに、テキストボックスに
「2016/06/28」と入力してもかまいません。

「売上日」に「2016/06/28」と表示されます。

⑥ [Tab] または [Enter] を押します。

「売上番号」テキストボックスに自動的に連番
が表示されます。

⑦「得意先コード」に「40020」と入力します。
※半角で入力します。

⑧ [Tab] または [Enter] を押します。

「得意先名」「担当者コード」「担当者名」が自
動的に参照されます。

⑨「商品コード」に「5020」と入力します。
※半角で入力します。

⑩ [Tab] または [Enter] を押します。

「商品名」と「単価」が自動的に参照されます。

⑪「数量」に「4」と入力します。

⑫ [Tab] または [Enter] を押します。

「金額」が自動的に表示されます。

148

4 コントロールの書式設定

自動的に参照されるテキストボックスの文字列の色を「**薄い灰色4**」に変更しましょう。また、枠線の色を「**透明**」に変更しましょう。

レイアウトビューに切り替えます。
①《**ホーム**》タブを選択します。
②《**表示**》グループの (表示)をクリックします。
※リボンに《デザイン》タブ・《配置》タブ・《書式》タブが追加され、自動的に《デザイン》タブに切り替わります。
※《フィールドリスト》が表示された場合は、(閉じる)をクリックして閉じておきましょう。

設定するテキストボックスをすべて選択します。
③「**売上番号**」テキストボックスを選択します。
④ Shift を押しながら、「**得意先名**」「**担当者コード**」「**担当者名**」「**商品名**」「**単価**」「**金額**」の各テキストボックスを選択します。

⑤《**書式**》タブを選択します。
⑥《**フォント**》グループの (フォントの色)の をクリックします。
⑦《**標準の色**》の《**薄い灰色4**》をクリックします。

文字列の色が変更されます。
⑧《**コントロールの書式設定**》グループの (図形の枠線)をクリックします。
⑨《**透明**》をクリックします。

第6章 フォームによるデータの入力

149

枠線の色が透明になります。

※任意の場所をクリックし、選択を解除しておきましょう。

5 コントロールのプロパティの設定

次のテキストボックスのデータを更新できないように設定しましょう。
また、カーソルが移動しないようにします。

売上番号	商品名
得意先名	単価
担当者コード	金額
担当者名	

設定するテキストボックスをすべて選択します。
①「**売上番号**」テキストボックスを選択します。
②[Shift]を押しながら、「**得意先名**」「**担当者コード**」「**担当者名**」「**商品名**」「**単価**」「**金額**」の各テキストボックスを選択します。
③《**デザイン**》タブを選択します。
④《**ツール**》グループの （プロパティシート）をクリックします。

《プロパティシート》が表示されます。
⑤《選択の種類》に《複数のオブジェクトを選択中》と表示されていることを確認します。
⑥《データ》タブを選択します。
⑦《使用可能》プロパティをクリックします。
⑧ ▽ をクリックし、一覧から《いいえ》を選択します。
⑨《編集ロック》プロパティをクリックします。
⑩ ▽ をクリックし、一覧から《はい》を選択します。
《プロパティシート》を閉じます。
⑪ ✕ (閉じる)をクリックします。

6 データの入力

データを入力し、フォームの動作を確認しましょう。

1 データの入力

次のデータを入力しましょう。

売上日	得意先コード	得意先名	担当者コード	担当者名	商品コード	商品名	単価	数量	金額
2016/06/28	10180	いろは通信販売	130	安藤　百合子	1030	野球グローブ	¥19,800	10	¥198,000

フォームビューに切り替えて、データを入力します。
①《デザイン》タブを選択します。
※《ホーム》タブでもかまいません。
②《表示》グループの 🔲 (表示)をクリックします。
新規レコードの入力画面を表示します。
③ ▶ (新しい(空の)レコード)をクリックします。
④「売上日」にカーソルがあることを確認します。
⑤ 🗓 をクリックします。

カレンダーが表示されます。

⑥ ◀ または ▶ をクリックし、「**2016年6月**」を表示します。

⑦ 一覧から「**28**」をクリックします。

※ ▦ をクリックせずに、テキストボックスに「**2016/06/28**」と入力してもかまいません。

「売上日」に「**2016/06/28**」と表示されます。

⑧ [Tab] または [Enter] を押します。

「**売上番号**」テキストボックスに自動的に連番が表示されます。

⑨ 「**得意先コード**」に「**10180**」と入力します。

※半角で入力します。

⑩ [Tab] または [Enter] を押します。

「**得意先名**」「**担当者コード**」「**担当者名**」が自動的に参照されます。

⑪ 「**商品コード**」に「**1030**」と入力します。

※半角で入力します。

⑫ [Tab] または [Enter] を押します。

「**商品名**」と「**単価**」が自動的に参照されます。

⑬ 「**数量**」に「**10**」と入力します。

⑭ [Tab] または [Enter] を押します。

152

次のレコードの入力画面が表示されます。

2 プロパティの変更と確認

現在のフォームでは、「**数量**」を入力して Tab または Enter を押すと、押した時点で次のレコードの入力画面が表示されてしまいます。「**金額**」の値を確認するには、◀ (前のレコード) をクリックしなければなりません。

「**金額**」テキストボックスにカーソルが移動し、次のレコードの入力画面が表示される前に「**金額**」の値が確認できるように、《**使用可能**》プロパティを《**はい**》に変更しましょう。《**使用可能**》プロパティを《**はい**》に変更しても、《**編集ロック**》プロパティを《**はい**》に設定しているので、データを誤って書き換えることはありません。

レイアウトビューに切り替えます。

①《**ホーム**》タブを選択します。
②《**表示**》グループの (表示) をクリックします。
③「**金額**」テキストボックスを選択します。
④《**デザイン**》タブを選択します。
⑤《**ツール**》グループの (プロパティシート) をクリックします。

《プロパティシート》が表示されます。

⑥《選択の種類》のドロップダウンリストボックスに「金額」と表示されていることを確認します。

⑦《データ》タブを選択します。

⑧《使用可能》プロパティをクリックします。

⑨ ▽ をクリックし、一覧から《はい》を選択します。

《プロパティシート》を閉じます。

⑩ ✕ (閉じる) をクリックします。

フォームビューに切り替えて、次のデータを入力します。

売上日	得意先コード	得意先名	担当者コード	担当者名	商品コード	商品名	単価	数量	金額
2016/06/28	30020	テニスショップ富士	120	佐伯 浩太	3010	スキー板	¥55,000	2	¥110,000

⑪《デザイン》タブを選択します。

※《ホーム》タブでもかまいません。

⑫《表示》グループの (表示) をクリックします。

⑬新規レコードの入力画面が表示されていることを確認します。

※表示されていない場合は、▶* (新しい(空の)レコード) をクリックします。

⑭「売上日」「得意先コード」「商品コード」を入力します。

※半角で入力します。

⑮「数量」に「2」と入力します。

⑯ Tab または Enter を押します。

「金額」テキストボックスにカーソルが移動し、「金額」の値が表示されます。

※フォームを上書き保存し、閉じておきましょう。

便利なプロパティ

よく使う便利なプロパティには、次のようなものがあります。

●《書式》プロパティ

データを表示する書式を設定します。
《日付(L)》を設定すると、「〇〇〇〇年〇月〇日」で表示されます。

●《既定値》プロパティ

自動的にコントロールに入力される値を指定します。
「Date()」を設定するとパソコンの本日の日付が自動的に入力されます。

●《タブストップ》プロパティ

[Tab]または[Enter]を使ってコントロールにカーソルを移動させるかどうかを指定します。
《いいえ》を設定すると、[Tab]または[Enter]では「売上日」テキストボックスにカーソルが移動しません。売上日を入力する場合は、クリックしてカーソルを移動させます。

Step 6 担当者マスターの入力画面を作成する

1 作成するフォームの確認

次のようなフォーム「**F担当者マスター**」を作成しましょう。

2 フォームの作成

《複数のアイテム》を使って、テーブル「T担当者マスター」をもとに、複数のレコードが一覧で表示されるフォーム「F担当者マスター」を作成しましょう。

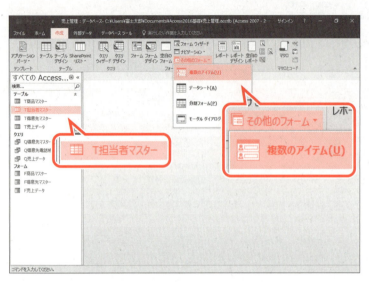

①ナビゲーションウィンドウのテーブル「T担当者マスター」を選択します。
②《作成》タブを選択します。
③《フォーム》グループの その他のフォームをクリックします。
④《複数のアイテム》をクリックします。

フォームが自動的に作成され、レイアウトビューで表示されます。
※フォームビューに切り替えて、結果を確認しましょう。

作成したフォームを保存します。
⑤ F12 を押します。
《名前を付けて保存》ダイアログボックスが表示されます。
⑥《'T担当者マスター'の保存先》に「F担当者マスター」と入力します。
⑦《OK》をクリックします。
※フォームを閉じておきましょう。

第7章

Chapter 7

クエリによる
データの抽出と集計

Check	この章で学ぶこと	159
Step1	条件に合致する得意先を抽出する	160
Step2	条件に合致する売上データを抽出する	170
Step3	売上データを集計する	176

Chapter 7

この章で学ぶこと

学習前に習得すべきポイントを理解しておき、
学習後には確実に習得できたかどうかを振り返りましょう。

1 クエリに単一条件を設定できる。
→ P.160

2 クエリに二者択一の条件を設定できる。
→ P.162

3 クエリにAND条件を設定できる。
→ P.163

4 クエリにOR条件を設定できる。
→ P.164

5 クエリにワイルドカードを使った条件を設定できる。
→ P.166

6 パラメータークエリを作成できる。
→ P.168

7 クエリに比較演算子を使った条件を設定できる。
→ P.170

8 クエリにBetween And 演算子を使った条件を設定できる。
→ P.172

9 Between And 演算子を使ったパラメータークエリを作成できる。
→ P.174

10 フィールドごとにグループ化して集計できる。
→ P.176

11 Where条件を設定して、条件に合致するデータだけを集計できる。
→ P.179

12 Where条件を使ったパラメータークエリを作成できる。
→ P.180

159

Step 1 条件に合致する得意先を抽出する

1 レコードの抽出

様々な条件を設定して、必要なレコードを抽出できます。
クエリのデザインビューの《**抽出条件**》セルに条件を入力し、クエリを実行することによって、レコードを抽出できます。

条件を入力

2 単一条件の設定

クエリ「**Q得意先マスター**」を編集して、「担当者コード」が「110」の得意先を抽出しましょう。

クエリ「**Q得意先マスター**」をデザインビューで開きます。
①ナビゲーションウィンドウのクエリ「**Q得意先マスター**」を右クリックします。
②《**デザインビュー**》をクリックします。

条件を設定します。
③「**担当者コード**」フィールドの《**抽出条件**》セルに「**"110"**」と入力します。
※半角で入力します。入力の際、「"」は省略できます。

クエリを実行して、結果を確認します。
④《**デザイン**》タブを選択します。
⑤《**結果**》グループの ▦ (表示)をクリックします。
「**担当者コード**」が「**110**」のレコードが抽出されます。

編集したクエリを保存します。
⑥ F12 を押します。
《**名前を付けて保存**》ダイアログボックスが表示されます。
⑦《**'Q得意先マスター'の保存先**》に「**Q得意先マスター(山木)**」と入力します。
⑧《**OK**》をクリックします。
※クエリを閉じておきましょう。

3 二者択一の条件の設定

クエリ「Q得意先マスター」を編集して、「DM」が☑の得意先を抽出しましょう。

クエリ「Q得意先マスター」をデザインビューで開きます。
①ナビゲーションウィンドウのクエリ「Q得意先マスター」を右クリックします。
②《デザインビュー》をクリックします。

条件を設定します。
③「DM」フィールドの《抽出条件》セルに「Yes」と入力します。
※半角で入力します。

> **POINT ▶▶▶**
>
> **Yes/No型フィールドの条件設定**
> Yes/No型フィールドの条件は、《抽出条件》セルに次のように設定します。
>
> | ☑の抽出 | 「Yes」または「True」「On」「-1」と入力します。 |
> |---|---|
> | ☐の抽出 | 「No」または「False」「Off」「0」と入力します。 |

クエリを実行して、結果を確認します。
④《デザイン》タブを選択します。
⑤《結果》グループの (表示) をクリックします。
「DM」が☑のレコードが抽出されます。

編集したクエリを保存します。
⑥ F12 を押します。
《名前を付けて保存》ダイアログボックスが表示されます。
⑦《'Q得意先マスター'の保存先》に「Q得意先マスター(DM発送)」と入力します。
⑧《OK》をクリックします。
※クエリを閉じておきましょう。

162

4 複合条件の設定（AND条件）

条件をすべて満たすレコードを抽出する場合、「**AND条件**」を設定します。
クエリ「**Q得意先マスター**」を編集して、「**担当者コード**」が「**110**」かつ「**DM**」が☑というAND条件を設定しましょう。
AND条件を設定するには、同じ行に条件を入力します。

クエリ「**Q得意先マスター**」をデザインビューで開きます。
①ナビゲーションウィンドウのクエリ「**Q得意先マスター**」を右クリックします。
②《**デザインビュー**》をクリックします。

2つの条件を同じ行に設定します。
③「**担当者コード**」フィールドの《**抽出条件**》セルに「**"110"**」と入力します。
※半角で入力します。入力の際、「"」は省略できます。
④「**DM**」フィールドの《**抽出条件**》セルに「**Yes**」と入力します。
※半角で入力します。

クエリを実行して、結果を確認します。
⑤《**デザイン**》タブを選択します。
⑥《**結果**》グループの（表示）をクリックします。
「**担当者コード**」が「**110**」かつ「**DM**」が☑のレコードが抽出されます。

編集したクエリを保存します。

⑦ [F12] を押します。

《名前を付けて保存》ダイアログボックスが表示されます。

⑧《'Q得意先マスター'の保存先》に「Q得意先マスター(山木かつDM発送)」と入力します。

⑨《OK》をクリックします。

※クエリを閉じておきましょう。

5 複合条件の設定(OR条件)

どれかひとつの条件を満たすレコードを抽出する場合、「OR条件」を設定します。

クエリ「Q得意先マスター」を編集して、「担当者コード」が「110」または「140」というOR条件を設定しましょう。

OR条件を設定するには、異なる行に条件を入力します。

クエリ「Q得意先マスター」をデザインビューで開きます。

①ナビゲーションウィンドウのクエリ「Q得意先マスター」を右クリックします。

②《デザインビュー》をクリックします。

前回の並べ替えを解除します。

③「得意先コード」フィールドの《並べ替え》セルをクリックします。

④ ▼ をクリックし、一覧から《(並べ替えなし)》を選択します。

164

2つの条件を異なる行に設定します。

⑤「担当者コード」フィールドの《抽出条件》セルに「"110"」と入力します。
※半角で入力します。入力の際、「"」は省略できます。
⑥《または》セルに「"140"」と入力します。
※半角で入力します。入力の際、「"」は省略できます。

「担当者コード」を基準に昇順に並べ替えます。
⑦「担当者コード」フィールドの《並べ替え》セルをクリックします。
⑧ をクリックし、一覧から《昇順》を選択します。

クエリを実行して、結果を確認します。
⑨《デザイン》タブを選択します。
⑩《結果》グループの (表示)をクリックします。

「担当者コード」が「110」または「140」のレコードが抽出されます。

編集したクエリを保存します。
⑪ F12 を押します。
《名前を付けて保存》ダイアログボックスが表示されます。
⑫《'Q得意先マスター'の保存先》に「Q得意先マスター(山木または吉岡)」と入力します。
⑬《OK》をクリックします。
※クエリを閉じておきましょう。

AND条件とOR条件の組み合わせ

AND条件とOR条件を組み合わせることで、より複雑な条件を設定できます。
例えば、「担当者コードが110または120の担当者が販売した、商品コードが1020の商品」のレコードを抽出する場合、次のように条件を設定します。

165

6 ワイルドカードの利用

曖昧な条件でレコードを抽出しましょう。

1 ワイルドカード

文字列の一部を指定してデータを抽出する場合、「**ワイルドカード**」を使って条件を設定します。最もよく使われるワイルドカード「**＊**」は、任意の文字列を表します。
例えば「**東京都＊**」は、「**東京都で始まる**」という意味です。

東京都＊ → 東京都渋谷区…
東京都港区…
東京都千代田区…

2 ワイルドカードの利用

クエリ「**Q得意先マスター**」を編集して、「**住所1**」が「**東京都**」で始まるレコードを抽出しましょう。

クエリ「**Q得意先マスター**」をデザインビューで開きます。
①ナビゲーションウィンドウのクエリ「**Q得意先マスター**」を右クリックします。
②《**デザインビュー**》をクリックします。

条件を設定します。
③「**住所1**」フィールドの《**抽出条件**》セルに「**Like␣"東京都＊"**」と入力します。
※英字と記号は半角で入力します。入力の際、「Like」と「"」は省略できます。
※␣は半角空白を表します。

166

クエリを実行して、結果を確認します。
④《デザイン》タブを選択します。
⑤《結果》グループの (表示)をクリックします。
「住所1」が「東京都」で始まるレコードが抽出されます。

編集したクエリを保存します。
⑥ F12 を押します。
《名前を付けて保存》ダイアログボックスが表示されます。
⑦《'Q得意先マスター'の保存先》に「Q得意先マスター(東京都)」と入力します。
⑧《OK》をクリックします。
※クエリを閉じておきましょう。

ワイルドカードの種類と利用例

ワイルドカードには、次のようなものがあります。

種類	意味	利用例 条件	利用例 説明	利用例 抽出結果
*	任意の文字列	Like "富士*"	「富士」で始まる	富士スポーツ、富士商事など
*	任意の文字列	Like "*富士*"	「富士」を含む	富士スポーツ、東京富士販売、テニスショップ富士など
?	任意の1文字	Like "??商事"	3文字目以降が「商事」	海山商事、富士商事など
[ ]	角カッコ内に指定した1文字	Like "[サステ]*"	「サ」「ス」「テ」のいずれかで始まる	サクラテニス、スターコウコクシャ、テニスショップフジなど
[!]	角カッコ内に指定した1文字以外の任意の1文字	Like "[!サステ]*"	「サ」「ス」「テ」で始まらない	フジスポーツ、イロハツウシンハンバイなど
[-]	角カッコ内に指定した範囲の1文字	Like "[ア-オ]*"	「ア」から「オ」で始まる	アダチスポーツ、イロハツウシンハンバイ、ウミヤマショウジ、オオエドハンバイなど

※英字と記号は半角で入力します。入力の際、「Like」は省略できます。

7 パラメータークエリの作成

クエリを実行するたびに、条件を変えてレコードを抽出しましょう。

1 パラメータークエリ

クエリを実行するたびに《パラメーターの入力》ダイアログボックスを表示させ、特定のフィールドに対する条件を指定できます。このクエリを「**パラメータークエリ**」といいます。パラメータークエリをひとつ作成すると、毎回違う条件でレコードを抽出できます。
パラメータークエリを作成するには、《**抽出条件**》セルに次のように入力します。

❶ [ ]（角カッコ）※省略できません。
❷《パラメーターの入力》ダイアログボックスに表示されるメッセージ

2 パラメータークエリの作成

クエリ「**Q得意先マスター**」を編集し、クエリを実行するたびに「**担当者コード**」を指定して、レコードを抽出できるパラメータークエリを作成しましょう。

クエリ「**Q得意先マスター**」をデザインビューで開きます。
①ナビゲーションウィンドウのクエリ「**Q得意先マスター**」を右クリックします。
②《**デザインビュー**》をクリックします。

168

③「担当者コード」フィールドの《抽出条件》セルに次のように入力します。

[担当者コードを入力]

※[ ]は半角で入力します。
クエリを実行して、結果を確認します。

④《デザイン》タブを選択します。
⑤《結果》グループの (表示)をクリックします。

《パラメーターの入力》ダイアログボックスが表示されます。

⑥「担当者コードを入力」に「130」と入力します。
⑦《OK》をクリックします。

《パラメーターの入力》ダイアログボックスで指定した担当者のレコードが抽出されます。

編集したクエリを保存します。
⑧F12を押します。
《名前を付けて保存》ダイアログボックスが表示されます。
⑨《'Q得意先マスター'の保存先》に「Q得意先マスター(担当者指定)」と入力します。
⑩《OK》をクリックします。

※クエリを閉じておきましょう。
※クエリ「Q得意先マスター(担当者指定)」を実行して、条件を変えてレコードが抽出できることを確認しておきましょう。

Step2 条件に合致する売上データを抽出する

1 比較演算子の利用

「~以上」「~より小さい」などのように、範囲のあるレコードを抽出する場合、「**比較演算子**」を使って条件を設定します。

クエリ「**Q売上データ**」を編集して、「**金額**」が「**100万円以上**」のレコードを抽出しましょう。

クエリ「**Q売上データ**」をデザインビューで開きます。

①ナビゲーションウィンドウのクエリ「**Q売上データ**」を右クリックします。

②《**デザインビュー**》をクリックします。

条件を設定します。

③「**金額**」フィールドの《**抽出条件**》セルに「**>=1000000**」と入力します。

※半角で入力します。

170

クエリを実行して、結果を確認します。
④《デザイン》タブを選択します。
⑤《結果》グループの (表示)をクリックします。
「金額」が「100万円以上」のレコードが抽出されます。

編集したクエリを保存します。
⑥ F12 を押します。
《名前を付けて保存》ダイアログボックスが表示されます。
⑦《'Q売上データ'の保存先》に「Q売上データ（100万円以上）」と入力します。
⑧《OK》をクリックします。
※クエリを閉じておきましょう。

POINT ▶▶▶

比較演算子の種類と意味

比較演算子には、次のようなものがあります。

比較演算子	意味
=	等しい
<>	等しくない
>	～より大きい
<	～より小さい
>=	～以上
<=	～以下

2 Between And 演算子の利用

「~以上~以下」または「~から~まで」のように範囲に上限と下限があるレコードを抽出する場合、「**Between And 演算子**」を使って条件を設定します。
Between And 演算子を設定するには、《**抽出条件**》セルに次のように入力します。

❶範囲のある条件を設定するための演算子
❷開始値
❸終了値

クエリ「**Q売上データ**」を編集して、「売上日」が「**2016/05/01から2016/05/31まで**」のレコードを抽出しましょう。

クエリ「**Q売上データ**」をデザインビューで開きます。
①ナビゲーションウィンドウのクエリ「**Q売上データ**」を右クリックします。
②《**デザインビュー**》をクリックします。

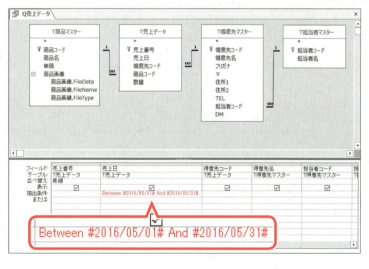

③「売上日」フィールドの《**抽出条件**》セルに次のように入力します。

Between␣#2016/05/01#␣And␣#2016/05/31#

※半角で入力します。入力の際、「#」は省略できます。
※␣は半角空白を表します。
※列幅を調整して、条件を確認しましょう。
クエリを実行して、結果を確認します。
④《**デザイン**》タブを選択します。
⑤《**結果**》グループの (表示) をクリックします。

172

「売上日」が「2016/05/01から2016/05/31まで」のレコードが抽出されます。

編集したクエリを保存します。

⑥ F12 を押します。

《名前を付けて保存》ダイアログボックスが表示されます。

⑦《'Q売上データ'の保存先》に「Q売上データ（5月）」と入力します。

⑧《OK》をクリックします。

※クエリを閉じておきましょう。

POINT ▶▶▶

ズーム表示

セルに入力するデータが長い場合、セルをズーム表示できます。

◆セルを選択→ Shift + F2

演算子の種類と利用例

演算子には、次のようなものがあります。

種類	意味	利用例 条件	利用例 抽出結果
Between And	指定した範囲内の値	Between #2016/05/01# And #2016/05/31#	2016/05/01～2016/05/31
In	指定したリスト内の値と等しい	In ("スキー板","ゴルフボール","トレーナー")	スキー板、ゴルフボール、トレーナー
Not	指定した値を除く	Not "ゴルフクラブ"	ゴルフクラブ以外
And	指定した値かつ指定した値	Like "*東京*" And Like "*販売*"	東京富士販売
Or	指定した値または指定した値	Like "*東京*" Or Like "*販売*"	東京富士販売、富士販売センター、いろは通信販売、日高販売店など

※英字と記号は半角で入力します。入力の際、「#」と「"」と「Like」は省略できます。

3 Between And 演算子を利用したパラメータークエリの作成

クエリ「Q売上データ（5月）」を編集して、クエリを実行するたびに「売上日」の期間を指定して、レコードを抽出できるようにパラメータークエリを作成しましょう。

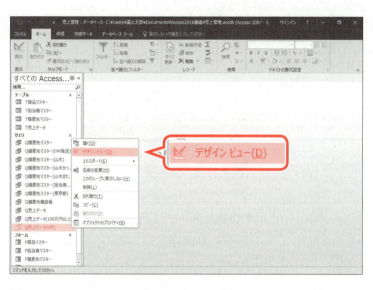

クエリ「Q売上データ（5月）」をデザインビューで開きます。

① ナビゲーションウィンドウのクエリ「Q売上データ（5月）」を右クリックします。
② 《デザインビュー》をクリックします。

③ 「売上日」フィールドの《抽出条件》セルを次のように修正します。

Between␣[開始年月日を入力]␣And␣[終了年月日を入力]

※英字と記号は半角で入力します。
※␣は半角空白を表します。
※列幅を調整して、条件を確認しましょう。

クエリを実行して、結果を確認します。

④ 《デザイン》タブを選択します。
⑤ 《結果》グループの ▦ （表示）をクリックします。

174

《パラメーターの入力》ダイアログボックスが表示されます。

⑥「開始年月日を入力」に「2016/05/15」と入力します。

⑦《OK》をクリックします。

《パラメーターの入力》ダイアログボックスが表示されます。

⑧「終了年月日を入力」に「2016/05/31」と入力します。

⑨《OK》をクリックします。

《パラメーターの入力》ダイアログボックスで指定した範囲のレコードが抽出されます。

編集したクエリを保存します。

⑩ [F12] を押します。

《名前を付けて保存》ダイアログボックスが表示されます。

⑪《'Q売上データ(5月)'の保存先》に「Q売上データ(期間指定)」と入力します。

⑫《OK》をクリックします。

※クエリを閉じておきましょう。

Step3 売上データを集計する

1 売上データの集計

クエリを作成して、売上金額を「**商品コード**」ごとにグループ化して集計しましょう。

1 クエリの作成

クエリ「**Q売上データ**」をもとに、売上金額を「**商品コード**」ごとにグループ化して集計するクエリを作成しましょう。

①《**作成**》タブを選択します。
②《**クエリ**》グループの (クエリデザイン)をクリックします。

クエリウィンドウと《**テーブルの表示**》ダイアログボックスが表示されます。
③《**クエリ**》タブを選択します。
④一覧から「**Q売上データ**」を選択します。
⑤《**追加**》をクリックします。
《**テーブルの表示**》ダイアログボックスを閉じます。
⑥《**閉じる**》をクリックします。

クエリウィンドウにクエリのフィールドリストが表示されます。
※図のように、フィールドリストのサイズを調整しておきましょう。
⑦次の順番でフィールドをデザイングリッドに登録します。

クエリ	フィールド
Q売上データ	商品コード
〃	商品名
〃	金額

176

2 集計行の設定

「商品コード」ごとに集計しましょう。

①《デザイン》タブを選択します。
②《表示/非表示》グループの Σ (クエリ結果で列の集計を表示/非表示にする)をクリックします。

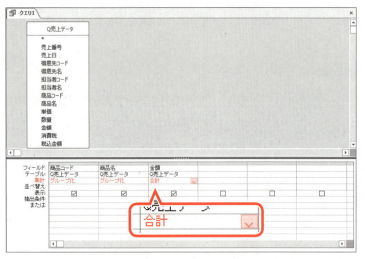

デザイングリッドに集計行が追加されます。
グループ化するフィールドを設定します。
③「商品コード」と「商品名」の各フィールドの《集計》セルが《グループ化》になっていることを確認します。
集計するフィールドを設定します。
④「金額」フィールドの《集計》セルをクリックします。
⑤ ▼ をクリックし、一覧から《合計》を選択します。

クエリを実行して、結果を確認します。
⑥《デザイン》タブを選択します。
⑦《結果》グループの (表示) をクリックします。
売上金額が「商品コード」ごとに集計されます。

作成したクエリを保存します。

⑧ F12 を押します。

《名前を付けて保存》ダイアログボックスが表示されます。

⑨《'クエリ1'の保存先》に「**Q商品別売上集計**」と入力します。

⑩《**OK**》をクリックします。

その他の方法（集計行の追加）
◆デザイングリッドを右クリック→《集計》

集計行の集計方法
クエリに集計行を追加することにより、フィールドのデータごとに合計や平均を求めることができます。例えば、売上金額を担当者ごとに集計したり、売上数量を商品ごとに集計したりできます。
各フィールドを集計するには、ドロップダウンリストボックスから集計方法を選択します。

集計方法	説明
グループ化	フィールドをグループ化する
合計	フィールドの値を合計する
平均	フィールドの値を平均する
最小	フィールドの最小値を求める
最大	フィールドの最大値を求める
カウント	フィールドの値の数を求める
標準偏差	フィールドの値の標準偏差を求める
分散	フィールドの値の分散を求める
先頭	フィールドの値の先頭を求める
最後	フィールドの値の最後を求める
演算	フィールドの値で演算する
Where条件	フィールドに条件を入力する

2 Where条件の設定

売上データを絞り込んで集計する場合、「**Where条件**」を設定します。
Where条件を設定することにより、条件に合致する売上データだけが集計の対象になります。
「**Q商品別売上集計**」を編集し、「**2016/05/01から2016/05/31まで**」の売上金額を「**商品コード**」ごとに集計して、どの商品がよく売れているかを分析しましょう。

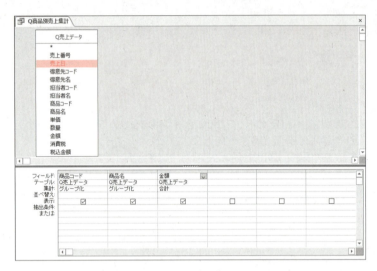

デザインビューに切り替えます。
①《**ホーム**》タブを選択します。
②《**表示**》グループの をクリックします。
条件を設定するフィールドを追加します。
③フィールドリストの「**売上日**」をダブルクリックします。

④「**売上日**」フィールドの《**集計**》セルをクリックします。
⑤ ![] をクリックし、一覧から《**Where条件**》を選択します。
⑥「**売上日**」フィールドの《**抽出条件**》セルに次のように入力します。

```
Between␣#2016/05/01#␣And␣#2016/05/31#
```

※半角で入力します。入力の際、「#」は省略できます。
※␣は半角空白を表します。
※列幅を調整して、条件を確認しましょう。

ⓘ POINT ▶▶▶

Where条件を設定したフィールド

Where条件を設定したフィールドの《表示》セルは自動的に ☐ になり、データシートに表示されません。

クエリを実行して、結果を確認します。
⑦《デザイン》タブを選択します。
⑧《結果》グループの (表示)をクリックします。
「2016/05/01から2016/05/31まで」の売上金額が「商品コード」ごとに集計されます。

編集したクエリを保存します。
⑨ F12 を押します。
《名前を付けて保存》ダイアログボックスが表示されます。
⑩《'Q商品別売上集計'の保存先》に「Q商品別売上集計(5月)」と入力します。
⑪《OK》をクリックします。

3 Where条件を利用したパラメータークエリの作成

クエリ「**Q商品別売上集計(5月)**」を編集して、クエリを実行するたびに「**売上日**」の期間を指定してデータを集計できるようにパラメータークエリを作成しましょう。

デザインビューに切り替えます。
①《ホーム》タブを選択します。
②《表示》グループの (表示)をクリックします。
③「売上日」フィールドの《抽出条件》セルを次のように修正します。

Between␣[開始年月日を入力]␣And␣[終了年月日を入力]

※英字と記号は半角で入力します。
※␣は半角空白を表します。
※列幅を調整して、条件を確認しましょう。

クエリを実行して、結果を確認します。
④《デザイン》タブを選択します。
⑤《結果》グループの (表示)をクリックします。

《パラメーターの入力》ダイアログボックスが表示されます。

⑥「開始年月日を入力」に「2016/05/15」と入力します。

⑦《OK》をクリックします。

《パラメーターの入力》ダイアログボックスが表示されます。

⑧「終了年月日を入力」に「2016/05/31」と入力します。

⑨《OK》をクリックします。

《パラメーターの入力》ダイアログボックスで指定した期間の売上金額が「商品コード」ごとに集計されます。

編集したクエリを保存します。

⑩ F12 を押します。

《名前を付けて保存》ダイアログボックスが表示されます。

⑪《'Q商品別売上集計（5月）'の保存先》に「Q商品別売上集計（期間指定）」と入力します。

⑫《OK》をクリックします。

※クエリを閉じておきましょう。

第8章

Chapter 8

レポートによる
データの印刷

Check	この章で学ぶこと	183
Step1	レポートの概要	184
Step2	商品マスターを印刷する	186
Step3	得意先マスターを印刷する（1）	196
Step4	得意先マスターを印刷する（2）	204
Step5	宛名ラベルを作成する	213
Step6	売上一覧表を印刷する（1）	219
Step7	売上一覧表を印刷する（2）	225

Chapter 8

この章で学ぶこと

学習前に習得すべきポイントを理解しておき、
学習後には確実に習得できたかどうかを振り返りましょう。

1 レポートで何ができるかを説明できる。 → P.184

2 レポートのビューの違いを理解し、使い分けることができる。 → P.185

3 レポートウィザードを使ってレポートを作成できる。 → P.187

4 レポートのタイトルを編集できる。 → P.193

5 コントロールの書式を設定できる。 → P.194

6 レポートを印刷できる。 → P.195

7 コントロールを移動できる。 → P.201

8 コントロールを削除できる。 → P.201

9 コントロールのサイズを変更できる。 → P.202

10 セクション間でコントロールを移動できる。 → P.211

11 宛名ラベルウィザードを使って宛名ラベルを作成できる。 → P.215

Step 1 レポートの概要

1 レポートの概要

「レポート」とは、データを印刷するためのオブジェクトです。

蓄積したデータをそのまま印刷するだけでなく、並べ替えて印刷したり、グループ分けして小計や総計を印刷したりできます。

また、宛名ラベル、伝票、はがきなど様々な形式でも出力できます。

得意先マスター（五十音順）

フリガナ	得意先名	〒	住所1	TEL	担当者コード	担当者名
アダチスポーツ	足立スポーツ	131-0033	東京都墨田区向島1-X-X 足立ビル11F	03-3588-XXXX	150	福田 進
イロハツウシンハンバイ	いろは通信販売	151-0063	東京都渋谷区富ヶ谷2-X-X	03-5553-XXXX	130	安藤 百合子
ウミヤマショウジ	海山商事	102-0083	東京都千代田区麹町3-X-X NHビル	03-3299-XXXX	120	佐伯 浩太
オオエドハンバイ	大江戸販売	100-0013	東京都千代田区霞が関2-X-X 大江戸ビル6F	03-5522-XXXX	110	山木 由美
カンサイハンバイ	関西販売	108-0075	東京都港区港南5-X-X 江戸ビル	03-5000-XXXX	150	福田 進
クサバスポーツ	草場スポーツ	350-0001	埼玉県川越市古谷上1-X-X 川越ガーデンビル	049-233-XXXX	140	吉岡 雄介
コアラスポーツ	こあらスポーツ	358-0002	埼玉県入間市東町1-X-X	04-2900-XXXX	110	山木 由美
サイトウスポーツ	サイトウスポーツ	105-0001	東京都港区虎ノ門4-X-X 虎ノ門ビル17F	03-5555-XXXX	140	吉岡 雄介
サクラテニス	さくらテニス	111-0031	東京都台東区千束1-X-X 大手町フラワービル7F	03-3244-XXXX	110	山木 由美
スターコウコクシャ	スター広告社	176-0002	東京都練馬区桜台3-X-X	03-3286-XXXX	130	安藤 百合子
スポーツスクエアトリイ	スポーツスクエア鳥居	142-0053	東京都品川区中延5-X-X			
スポーツフジ	スポーツ富士	236-0021	神奈川県横浜市金沢区泥			
チョウジクラブ	長治クラブ	104-0032	東京都中央区八丁堀3-X-X 長治ビル			
ツルタスポーツ	つるたスポーツ	231-0051	神奈川県横浜市中区赤門			

2016年6月28日

〒100-0005
東京都千代田区丸の内2-X-X
第3千代田ビル

丸の内商事 御中
110

〒100-0005
東京都千代田区丸の内1-X-X
東京ビル

富士スポーツ 御中
140

〒131-0033
東京都墨田区向島1-X-X
足立ビル11F

足立スポーツ 御中
150

〒108-0075
東京都港区港南5-X-X
江戸ビル

関西販売 御中
150

〒100-0004
東京都千代田区大手町1-X-X
大手町第一ビル

山岡ゴルフ 御中
110

〒100-0013
東京都千代田区霞が関2-X-X
大江戸ビル6F

大江戸販売 御中
110

〒102-0083
東京都千代田区麹町3-X-X
NHビル

海山商事 御中
120

〒102-0082
東京都千代田区一番町5-XX
ヤマネコガーデン4F

山猫スポーツ 御中
150

〒105-0001
東京都港区虎ノ門4-X-X
虎ノ門ビル17F

サイトウスポーツ 御中
140

〒104-0032
東京都中央区八丁堀3-X-X
長治ビル

長治クラブ 御中
150

〒150-0047
東京都渋谷区神山町1-XX

みどりテニス 御中
150

〒151-0063
東京都渋谷区富ヶ谷2-X-X

いろは通信販売 御中
130

2 レポートのビュー

レポートには、次のようなビューがあります。

●印刷プレビュー

印刷プレビューは、印刷結果のイメージを表示するビューです。

●レイアウトビュー

レイアウトビューは、レポートのレイアウトを変更するビューです。実際のデータを表示した状態で、データに合わせてサイズや位置を調整できます。

●デザインビュー

デザインビューは、レポートの構造の詳細を変更するビューです。
実際のデータは表示されませんが、レイアウトビューよりもより細かくデザインを変更することができます。
印刷結果を表示することはできません。

 その他のビュー

レポートには上の3つのほかに、レポートビューがあります。

●レポートビュー

レポートビューは、印刷するデータを表示するビューです。実際のデータを表示した状態でフィルターを適用したり、データをコピーしたりできます。レイアウトの変更はできません。

Step2 商品マスターを印刷する

1 作成するレポートの確認

次のようなレポート「R商品マスター」を作成しましょう。

コントロールの書式設定

2 レポートの作成

レポートウィザードを使って、テーブル「T商品マスター」をもとにレポート「R商品マスター」を作成しましょう。

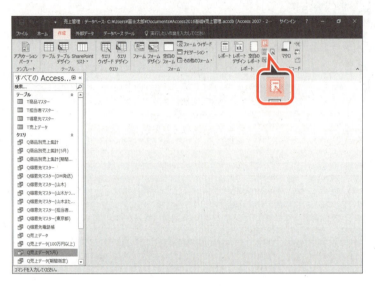

① 《作成》タブを選択します。
② 《レポート》グループの (レポートウィザード) をクリックします。

《レポートウィザード》が表示されます。
③ 《テーブル/クエリ》の をクリックし、一覧から「テーブル：T商品マスター」を選択します。

レポートに必要なフィールドを選択します。
④ 《選択可能なフィールド》の一覧から「商品コード」を選択します。
⑤ をクリックします。

《選択したフィールド》に「商品コード」が移動します。
⑥ 同様に、《選択したフィールド》に「商品名」「単価」を移動します。
⑦ 《次へ》をクリックします。

グループレベルを指定する画面が表示されます。
※今回、グループレベルは指定しません。
⑧《次へ》をクリックします。

レコードを並べ替える方法を指定する画面が表示されます。
※今回、並べ替えは指定しません。
⑨《次へ》をクリックします。

レポートの印刷形式を選択します。
⑩《レイアウト》の《表形式》を◉にします。
⑪《印刷の向き》の《縦》を◉にします。
⑫《次へ》をクリックします。

188

レポート名を入力します。

⑬《レポート名を指定してください。》に「R商品マスター」と入力します。

⑭《レポートをプレビューする》を◉にします。

⑮《完了》をクリックします。

作成したレポートが印刷プレビューで表示されます。

※リボンに《印刷プレビュー》タブが表示されます。

POINT ▶▶▶

拡大・縮小表示

印刷プレビューの用紙部分をポイントすると、マウスポインターの形が または に変わります。クリックすると、拡大・縮小表示を切り替えることができます。

レポートの印刷形式

レポートの印刷形式には、次の3つがあります。

●単票形式

1件のレコードをカードのように印刷します。

●帳票形式

1件のレコードを帳票のように印刷します。

●表形式

レコードを一覧で印刷します。

POINT ▶▶▶

レポートの作成方法
レポートを作成する方法には、次のようなものがあります。

●(レポート)で作成
ナビゲーションウィンドウのテーブルやクエリを選択して《作成》タブ→《レポート》グループの(レポート)をクリックするだけで、レポートが自動的に作成されます。
もとになるテーブルやクエリのすべてのフィールドがレポートに表示されます。

●デザインビューで作成
《作成》タブ→《レポート》グループの(レポートデザイン)をクリックして、デザインビューから空白のレポートを作成します。
もとになるテーブルやフィールド、表示形式などを手動で設定し、レポートを作成します。

●レイアウトビューで作成
《作成》タブ→《レポート》グループの(空白のレポート)をクリックして、レイアウトビューから空白のレポートを作成します。
もとになるテーブルやフィールド、表示形式などを手動で設定し、レポートを作成します。

●レポートウィザードで作成
《作成》タブ→《レポート》グループの(レポートウィザード)をクリックして対話形式で設問に答えることにより、もとになるテーブルやクエリ、フィールド、表示形式などが自動的に設定され、レポートが作成されます。
※そのほかにも対話形式で設問に答えることにより、宛名ラベルや伝票、はがきを簡単に作成することもできます。

3 ビューの切り替え

印刷プレビューからレイアウトビューに切り替えましょう。

①ステータスバーの □ （レイアウトビュー）をクリックします。

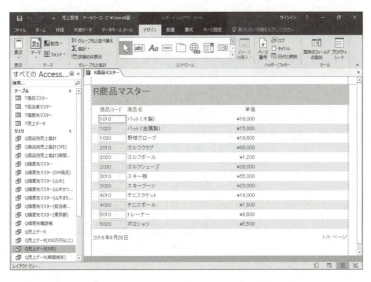

印刷プレビューが閉じられ、レイアウトビューに切り替わります。

※リボンに《デザイン》タブ・《配置》タブ・《書式》タブ・《ページ設定》タブが追加され、自動的に《デザイン》タブに切り替わります。

※《フィールドリスト》が表示された場合は、 ✕ （閉じる）をクリックして閉じておきましょう。

192

4 レイアウトビューの画面構成

レイアウトビューの各部の名称と役割を確認しましょう。

❶ **ラベル**
タイトルやフィールド名を表示します。

❷ **テキストボックス**
文字列や数値などのデータを表示します。

❸ **コントロール**
ラベルやテキストボックスなどの各要素の総称です。

5 タイトルの変更

レポートウィザードでレポートを作成すると、タイトルとしてレポート名のラベルが自動的に配置されます。タイトルを「R商品マスター」から「商品マスター」に変更しましょう。

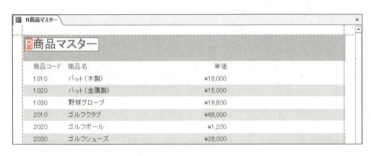

①「R商品マスター」ラベルを2回クリックします。
カーソルが表示されます。
②「R」をドラッグします。
③ Delete を押します。

「R」が削除されます。
※任意の場所をクリックし、選択を解除しておきましょう。
※タイトル行の高さが自動的に調整されます。

6 コントロールの書式設定

フィールド名が配置されている行の背景の色を「緑2」に変更しましょう。

① フィールド名が配置されている行の左側をクリックします。
※「商品コード」ラベルの左側をクリックします。
フィールド名が配置されている行が選択されます。

② 《書式》タブを選択します。
③ 《フォント》グループの （背景色）の をクリックします。
④ 《標準の色》の《緑2》をクリックします。

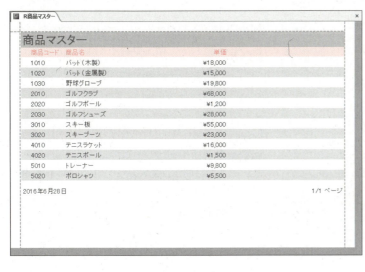

フィールド名が配置されている行の背景の色が変更されます。
※任意の場所をクリックし、選択を解除しておきましょう。
※レポートを上書き保存しておきましょう。

194

7 レポートの印刷

作成したレポートを印刷しましょう。

①《デザイン》タブを選択します。
※《ホーム》タブでもかまいません。
②《表示》グループの (表示)の をクリックします。
③《印刷プレビュー》をクリックします。

印刷プレビューに切り替わります。
④《印刷プレビュー》タブを選択します。
⑤《印刷》グループの (印刷)をクリックします。

《印刷》ダイアログボックスが表示されます。
⑥《OK》をクリックします。
レポートが印刷されます。
※レポートを閉じておきましょう。

その他の方法（レポートの印刷）

◆《ファイル》タブ→《印刷》→《印刷》
◆ナビゲーションウィンドウのレポートを右クリック→《印刷》
◆ Ctrl + P

用紙サイズの設定

用紙サイズを設定する方法は、次のとおりです。
◆印刷プレビューを表示→《印刷プレビュー》タブ→《ページサイズ》グループの (ページサイズの選択)

Step3 得意先マスターを印刷する(1)

1 作成するレポートの確認

次のようなレポート「R得意先マスター(五十音順)」を作成しましょう。

フリガナ	得意先名	〒	住所	TEL	担当者コード	担当者名
アダチスポーツ	足立スポーツ	131-0033	東京都墨田区向島1-X-X 足立ビル11F	03-3588-XXXX	150	福田 進
イロハツウシンハンバイ	いろは通信販売	151-0063	東京都渋谷区富ヶ谷2-X-X	03-5553-XXXX	130	安藤 百合子
ウミヤマショウジ	海山商事	102-0083	東京都千代田区麹町3-X-X NHビル	03-3299-XXXX	120	佐伯 浩太
オオエドハンバイ	大江戸販売	100-0013	東京都千代田区霞が関2-X-X 大江戸ビル6F	03-5522-XXXX	110	山木 由美
カンサイハンバイ	関西販売	108-0075	東京都港区港南5-X-X 江戸ビル	03-5000-XXXX	150	福田 進
クサバスポーツ	草場スポーツ	350-0001	埼玉県川越市古谷上1-X-X 川越ガーデンビル	049-233-XXXX	140	吉岡 雄介
コアラスポーツ	こあらスポーツ	358-0002	埼玉県入間市東町1-X-X	04-2900-XXXX	110	山木 由美
サイトウスポーツ	サイトウスポーツ	105-0001	東京都港区虎ノ門4-X-X 虎ノ門ビル17F	03-5555-XXXX	140	吉岡 雄介
サクラテニス	さくらテニス	111-0031	東京都台東区千束1-X-X 大手町フラワービル7F	03-3244-XXXX	110	山木 由美
スターコウコクシャ	スター広告社	176-0002	東京都練馬区桜台3-X-X	03-3286-XXXX	130	安藤 百合子
スポーツスクエアトリイ	スポーツスクエア鳥居	142-0053	東京都品川区中延5-X-X	03-3389-XXXX	150	福田 進
スポーツフジ	スポーツ富士	236-0021	神奈川県横浜市金沢区泥亀2-X-X	045-788-XXXX	140	吉岡 雄介
チョウジクラブ	長治クラブ	104-0032	東京都中央区八丁堀3-X-X 長治ビル	03-3766-XXXX	150	福田 進
ツルタスポーツ	つるたスポーツ	231-0051	神奈川県横浜市中区赤門町2-X-X	045-242-XXXX	110	山木 由美

2016年6月28日　　　　　　　　　　　　　　　　　　　　　　　　1/3 ページ

「フリガナ」を基準に五十音順に並べ替え　　　コントロールの移動・サイズ変更

2 レポートの作成

レポートウィザードを使って、クエリ「Q得意先マスター」をもとに、レポート「R得意先マスター(五十音順)」を作成しましょう。

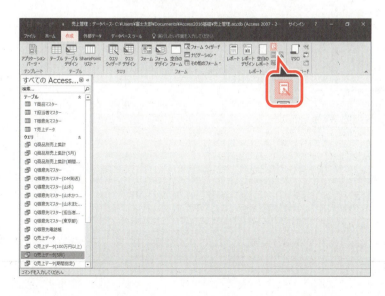

①《作成》タブを選択します。
②《レポート》グループの ▨ (レポートウィザード)をクリックします。

196

第8章 レポートによるデータの印刷

《レポートウィザード》が表示されます。
③《テーブル/クエリ》の をクリックし、一覧から「クエリ：Q得意先マスター」を選択します。
「得意先コード」と「DM」以外のフィールドを選択します。
④ >> をクリックします。
⑤《選択したフィールド》の一覧から「得意先コード」を選択します。
⑥ < をクリックします。
⑦同様に、「DM」の選択を解除します。
⑧《次へ》をクリックします。

データの表示方法を指定します。
⑨一覧から「byT得意先マスター」が選択されていることを確認します。
⑩《次へ》をクリックします。

グループレベルを指定する画面が表示されます。
※今回、グループレベルは指定しません。
⑪《次へ》をクリックします。

レコードを並べ替える方法を指定します。

⑫《1》の⌄をクリックし、一覧から「**フリガナ**」を選択します。

⑬並べ替え方法が 昇順 になっていることを確認します。

※ 昇順 と 降順 はクリックして切り替えます。

⑭《**次へ**》をクリックします。

レポートの印刷形式を選択します。

⑮《**レイアウト**》の《**表形式**》を◉にします。

⑯《**印刷の向き**》の《**横**》を◉にします。

⑰《**次へ**》をクリックします。

レポート名を入力します。

⑱《**レポート名を指定してください。**》に「**R得意先マスター（五十音順）**」と入力します。

⑲《**レポートをプレビューする**》を◉にします。

⑳《**完了**》をクリックします。

198

作成したレポートが印刷プレビューで表示されます。

㉑印刷結果の1ページ目が表示されていることを確認します。

㉒ （次のページ）をクリックします。

印刷結果の2ページ目が表示されます。

❗ POINT ▶▶▶

レポートウィザードとフィールドの配置

レポート内のフィールドは、レポートウィザードで選択した順番で、用紙の左から配置されます。ただし、並べ替えやグループレベルを指定すると、そのフィールドが優先して左から配置されます。

グループレベルの指定

レポートウィザードでグループレベルを指定すると、レコードをグループごとに分類したレポートを作成できます。

担当者ごとに分類

3 コントロールの配置の変更

レコードの内容がすべて表示されるように各コントロールを移動したり、サイズを変更したりしましょう。

1 コントロールの移動と削除

住所が2行で印刷されるように、「住所2」テキストボックスを移動しましょう。
また、「住所1」ラベルを「住所」に変更して「住所2」ラベルを削除します。

レイアウトビューに切り替えます。

①ステータスバーの [ ] （レイアウトビュー）をクリックします。

②「住所2」のテキストボックス「**足立ビル11F**」を選択します。

※「住所2」テキストボックスであれば、どれでもかまいません。
※《フィールドリスト》が表示された場合は、[×]（閉じる）をクリックして閉じておきましょう。

「住所2」テキストボックスが枠線で囲まれます。

③テキストボックス「**足立ビル11F**」内をポイントします。

マウスポインターの形が に変わります。

④「住所1」のテキストボックス「**東京都墨田区向島1-X-X**」の下側にドラッグします。

「住所2」テキストボックスが移動します。
「住所1」ラベルを「住所」に修正します。

⑤「住所1」ラベルを2回クリックし、「1」を削除します。

「住所2」ラベルを削除します。

⑥「住所2」ラベルを選択します。

⑦ Delete を押します。

2 コントロールの移動とサイズ変更

「TEL」のコントロールを移動し、「住所」「TEL」テキストボックスのサイズをデータの長さに合わせて調整しましょう。

「TEL」のコントロールを選択します。
①「TEL」ラベルを選択します。
②[Shift]を押しながら、「TEL」のテキストボックス「03-3588-XXXX」を選択します。
※「TEL」のテキストボックスであれば、どれでもかまいません。
③[←]を押して左方向に移動します。

「TEL」のコントロールが移動されます。
④「住所」のテキストボックス「東京都墨田区向島1-X-X」を選択します。
※「住所」のテキストボックスであれば、どれでもかまいません。
⑤「住所」のテキストボックスの右側の境界線をポイントします。
マウスポインターの形が⇔に変わります。
⑥右方向にドラッグします。

「住所」テキストボックスのサイズが変更されます。
※スクロールして住所の内容がすべて表示されていることを確認しましょう。
⑦同様に、「TEL」テキストボックスのサイズを調整します。

202

ためしてみよう

① タイトルを「R得意先マスター（五十音順）」から「得意先マスター（五十音順）」に変更しましょう。
② フィールド名が配置されている行の背景色を「緑2」に変更しましょう。
※印刷プレビューに切り替えて、結果を確認しましょう。
※レポートを上書き保存し、閉じておきましょう。

Let's Try Answer

①
①「R得意先マスター（五十音順）」ラベルを2回クリックし、「R」を削除

②
① フィールド名が配置されている行の左側をクリック
②《書式》タブを選択
③《フォント》グループの （背景色）の をクリック
④《標準の色》の《緑2》（左から7番目、上から3番目）をクリック

Step 4 得意先マスターを印刷する（2）

1 作成するレポートの確認

特定の担当者の得意先だけを印刷できるレポート「**R得意先マスター（担当者指定）**」を作成しましょう。

●「110」と入力した場合

●「120」と入力した場合

204

2 もとになるクエリの確認

パラメータークエリをもとにレポートを作成すると、印刷を実行するたびに条件を指定して、条件に合致するデータだけを印刷できます。
クエリ「Q得意先マスター(担当者指定)」をデザインビューで開き、条件を確認しましょう。

①ナビゲーションウィンドウのクエリ「Q得意先マスター(担当者指定)」を右クリックします。
②《デザインビュー》をクリックします。

クエリがデザインビューで開かれます。
③「担当者コード」フィールドの《抽出条件》セルに、次の条件が設定されていることを確認します。

[担当者コードを入力]

※クエリを閉じておきましょう。

3 レポートの作成

クエリ「**Q得意先マスター（担当者指定）**」をもとに、レポート「**R得意先マスター（担当者指定）**」を作成しましょう。

①《**作成**》タブを選択します。
②《**レポート**》グループの ▨（レポートウィザード）をクリックします。

《レポートウィザード》が表示されます。

③《**テーブル/クエリ**》の ▽ をクリックし、一覧から「**クエリ：Q得意先マスター（担当者指定）**」を選択します。

「**得意先コード**」と「**DM**」以外のフィールドを選択します。

④ >> をクリックします。
⑤《**選択したフィールド**》の一覧から「**得意先コード**」を選択します。
⑥ < をクリックします。
⑦同様に、「**DM**」の選択を解除します。
⑧《**次へ**》をクリックします。

データの表示方法を指定します。
⑨一覧から「**byT得意先マスター**」が選択されていることを確認します。
⑩《**次へ**》をクリックします。

206

グループレベルを指定する画面が表示されます。

※今回、グループレベルは指定しません。

⑪《次へ》をクリックします。

レコードを並べ替える方法を指定します。

⑫《1》の ∨ をクリックし、一覧から「フリガナ」を選択します。

⑬並べ替え方法が 昇順 になっていることを確認します。

※ 昇順 と 降順 はクリックして切り替えます。

⑭《次へ》をクリックします。

レポートの印刷形式を選択します。

⑮《レイアウト》の《表形式》を◉にします。

⑯《印刷の向き》の《横》を◉にします。

⑰《次へ》をクリックします。

レポート名を入力します。

⑱《レポート名を指定してください。》に「R得意先マスター（担当者指定）」と入力します。

⑲《レポートをプレビューする》を◉にします。

⑳《完了》をクリックします。

《パラメーターの入力》ダイアログボックスが表示されます。

㉑「担当者コードを入力」に「110」と入力します。

㉒《OK》をクリックします。

㉓《パラメーターの入力》ダイアログボックスで指定した担当者のレコードが抽出され、印刷プレビューで表示されます。

ためしてみよう

① レイアウトビューを使って、タイトルを「R得意先マスター（担当者指定）」から「得意先マスター（担当者指定）」に変更しましょう。
② フィールド名が配置されている行の背景色を「緑2」に変更しましょう。
③「住所1」ラベルを「住所」に変更し、「住所2」ラベルを削除しましょう。また、コントロールのサイズと配置を調整します。

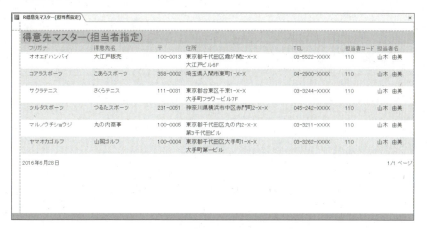

Let's Try Answer

①
① ステータスバーの ▥ （レイアウトビュー）をクリック
②「R得意先マスター（担当者指定）」ラベルを2回クリックし、「R」を削除

②
① フィールド名が配置されている行の左側をクリック
②《書式》タブを選択
③《フォント》グループの ⌄ （背景色）の ⌄ をクリック
④《標準の色》の《緑2》（左から7番目、上から3番目）をクリック

③
①「住所1」ラベルを2回クリックし、「1」を削除
②「住所2」ラベルを選択
③ Delete を押す
④ コントロールのサイズと配置を調整

4 ビューの切り替え

レポートの構造の詳細を変更するには、デザインビューを使います。
デザインビューに切り替えましょう。

①《デザイン》タブを選択します。
※《ホーム》タブでもかまいません。
②《表示》グループの (表示) の をクリックします。
③《デザインビュー》をクリックします。

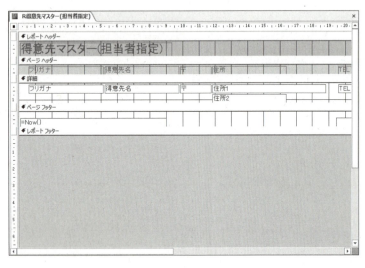

レポートがデザインビューで開かれます。

5 デザインビューの画面構成

デザインビューの各部の名称と役割を確認しましょう。

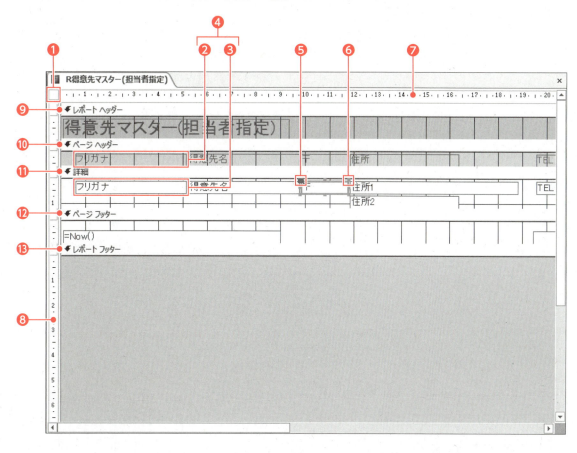

❶ **レポートセレクター**
レポート全体を選択するときに使います。

❷ **ラベル**
タイトルやフィールド名を表示します。

❸ **テキストボックス**
文字列や数値などのデータを表示します。

❹ **コントロール**
ラベルやテキストボックスなどの各要素の総称です。

❺ **移動ハンドル**
コントロールを移動するときに使います。

❻ **サイズハンドル**
コントロールのサイズを変更するときに使います。

❼ **水平ルーラー**
コントロールの配置や幅の目安にします。

❽ **垂直ルーラー**
コントロールの配置や高さの目安にします。

❾ **《レポートヘッダー》セクション**
レポートを印刷したときに、最初のページの先頭に印字される領域です。

❿ **《ページヘッダー》セクション**
レポートを印刷したときに、各ページの上部に印字される領域です。サブタイトルや小見出しなどを配置します。

⓫ **《詳細》セクション**
各レコードが印字される領域です。

⓬ **《ページフッター》セクション**
レポートを印刷したときに、各ページの下部に印字される領域です。日付やページ番号などを配置します。

⓭ **《レポートフッター》セクション**
レポートを印刷したときに、最終ページのページフッターの上に印字される領域です。

210

6 セクション間のコントロールの移動

レポート「R得意先マスター(担当者指定)」は、すべてのレコードに同一の担当者が重複して表示されます。
「担当者コード」と「担当者名」が、最初のページの先頭だけに印刷されるように、次のコントロールをタイトルのある部分(《レポートヘッダー》セクション)に移動しましょう。

「担当者コード」ラベル	「担当者コード」テキストボックス
「担当者名」ラベル	「担当者名」テキストボックス

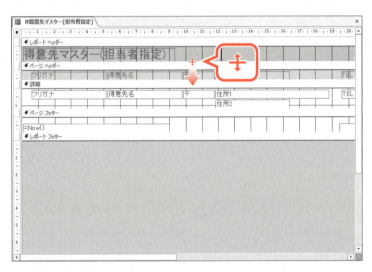

《レポートヘッダー》セクションの高さを広げます。
①《ページヘッダー》セクションの上側の境界線をポイントします。
マウスポインターの形が ✢ に変わります。
②下方向にドラッグします。

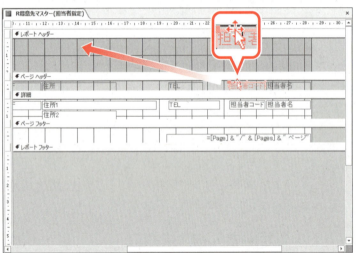

③《ページヘッダー》セクションの「担当者コード」ラベルを選択します。
④ラベルの枠をポイントします。
マウスポインターの形が に変わります。
⑤図のようにドラッグします。

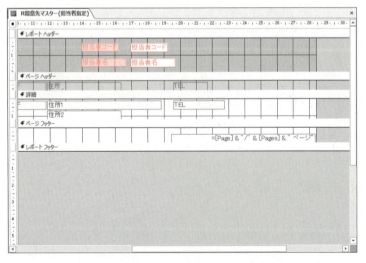

「担当者コード」ラベルが移動されます。
⑥同様に、「担当者名」ラベル、「担当者コード」テキストボックス、「担当者名」テキストボックスを移動します。

印刷プレビューに切り替えます。

⑦《デザイン》タブを選択します。

※《ホーム》タブでもかまいません。

⑧《表示》グループの (表示)の をクリックします。

⑨《印刷プレビュー》をクリックします。

※任意の「担当者コード」を入力します。

⑩「**担当者コード**」と「**担当者名**」が最初のページの先頭に表示されていることを確認します。

Let's Try ためしてみよう

デザインビューを使って、「担当者コード」テキストボックス、「担当者名」テキストボックスの背景色を「透明」に変更しましょう。

Hint 《書式》タブの《フォント》グループの (背景色)を使います。

※印刷プレビューに切り替えて、結果を確認しましょう。
※レポートを上書き保存し、閉じておきましょう。

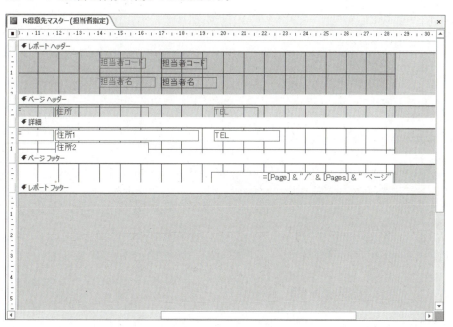

Let's Try Answer

①ステータスバーの (デザインビュー)をクリック
②「担当者コード」テキストボックスを選択
③ Shift を押しながら、「担当者名」テキストボックスを選択
④《書式》タブを選択
⑤《フォント》グループの (背景色)の をクリック
⑥《透明》をクリック

212

Step5 宛名ラベルを作成する

1 作成するレポートの確認

次のようなレポート「R得意先マスター（DM発送）」を作成しましょう。

〒100-0005
東京都千代田区丸の内2-X-X
第3千代田ビル

丸の内商事　御中
　　　　　　　　　　　　110

〒100-0005
東京都千代田区丸の内1-X-X
東京ビル

富士スポーツ　御中
　　　　　　　　　　　　140

〒131-0033
東京都墨田区向島1-X-X
足立ビル11F

足立スポーツ　御中
　　　　　　　　　　　　150

〒108-0075
東京都港区港南5-X-X
江戸ビル

関西販売　御中
　　　　　　　　　　　　150

〒100-0004
東京都千代田区大手町1-X-X
大手町第一ビル

山岡ゴルフ　御中
　　　　　　　　　　　　110

〒100-0013
東京都千代田区霞が関2-X-X
大江戸ビル6F

大江戸販売　御中
　　　　　　　　　　　　110

〒102-0083
東京都千代田区麹町3-X-X
NHビル

海山商事　御中
　　　　　　　　　　　　120

〒102-0082
東京都千代田区一番町5-XX
ヤマネコガーデン4F

山猫スポーツ　御中
　　　　　　　　　　　　150

〒105-0001
東京都港区虎ノ門4-X-X
虎ノ門ビル17F

サイトウスポーツ　御中
　　　　　　　　　　　　140

〒104-0032
東京都中央区八丁堀3-X-X
長治ビル

長治クラブ　御中
　　　　　　　　　　　　150

〒150-0047
東京都渋谷区神山町1-XX

みどりテニス　御中
　　　　　　　　　　　　150

〒151-0063
東京都渋谷区富ヶ谷2-X-X

いろは通信販売　御中
　　　　　　　　　　　　130

2 もとになるクエリの確認

クエリ「**Q得意先マスター（DM発送）**」をもとにレポートを作成すると、「**DM**」フィールドが☑になっている得意先を対象に宛名ラベルを印刷できます。
クエリ「**Q得意先マスター（DM発送）**」をデザインビューで開き、条件を確認しましょう。

①ナビゲーションウィンドウのクエリ「**Q得意先マスター（DM発送）**」を右クリックします。
②《**デザインビュー**》をクリックします。

クエリがデザインビューで開かれます。
③「**DM**」フィールドの《**抽出条件**》セルが「**Yes**」になっていることを確認します。
※クエリを閉じておきましょう。

214

3 レポートの作成

宛名ラベルウィザードを使って、クエリ「Q得意先マスター（DM発送）」をもとに、レポート「R得意先マスター（DM発送）」を作成しましょう。

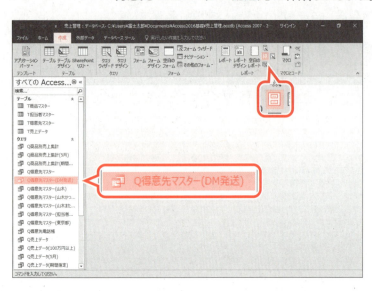

① ナビゲーションウィンドウのクエリ「**Q得意先マスター（DM発送）**」を選択します。
② 《**作成**》タブを選択します。
③ 《**レポート**》グループの 📇 （宛名ラベル）をクリックします。

《**宛名ラベルウィザード**》が表示されます。
ラベルの種類を選択します。

④ 《**メーカー**》の ⌄ をクリックし、一覧から《**Kokuyo**》を選択します。
※一覧に表示されていない場合は、スクロールして調整します。
⑤ 《**製品番号**》の一覧から《**タイ-2161N-w**》を選択します。
※一覧に表示されていない場合は、スクロールして調整します。
⑥ 《**次へ**》をクリックします。

❗ **POINT ▶▶▶**

ユーザー定義ラベル

メーカーを選択すると、そのメーカーの製品番号が一覧で表示されます。
印刷するラベルが一覧にない場合は、《ユーザー定義ラベル》をクリックし、《新規ラベルのサイズ》ダイアログボックスで新規作成します。

ラベルに印字する文字列のスタイルを指定します。

⑦《サイズ》の∨をクリックし、一覧から《10》を選択します。

⑧《次へ》をクリックします。

ラベルに印字するフィールドと文字列を指定します。

⑨《ラベルのレイアウト》の1行目にカーソルがあることを確認します。

⑩《選択可能なフィールド》の一覧から「〒」を選択します。

⑪ > をクリックします。

《ラベルのレイアウト》に「〒」フィールドが配置されます。

※フィールド名は{ }で囲まれて表示されます。

⑫《ラベルのレイアウト》の2行目をクリックします。

2行目にカーソルが移動します。

⑬《選択可能なフィールド》の一覧から「住所1」を選択します。

⑭ > をクリックします。

⑮同様に、図のようにフィールドを配置します。

> **POINT ▶▶▶**
>
> **フィールドの配置の修正**
>
> フィールドの配置を修正する場合、一旦フィールドを削除して、配置しなおします。
> フィールドを削除する方法は、次のとおりです。
> ◆フィールドを選択→ Delete

必要な文字列を入力します。

⑯「{〒}」の左側をクリックします。

カーソルが表示されます。

⑰「〒」と入力します。

⑱同様に、「{得意先名}」の後ろに全角空白を1つ挿入し、「御中」と入力します。

⑲同様に、「{担当者コード}」の前に全角空白を挿入し、図のように配置します。

⑳《次へ》をクリックします。

並べ替えを行うフィールドを選択する画面が表示されます。

※今回、並べ替えは指定しません。

㉑《次へ》をクリックします。

レポート名を入力します。

㉒《レポート名を指定してください。》に「R得意先マスター（DM発送）」と入力します。

㉓《ラベルのプレビューを見る》を◉にします。

㉔《完了》をクリックします。

作成したレポートが印刷プレビューで表示されます。

※レポートを閉じておきましょう。

便利なウィザード

ウィザードを使うと、対話形式で設問に答えることにより、伝票やはがきを簡単に作成できます。

●伝票ウィザード

宅配便の送り状や納品書、売上伝票などを作成できます。

◆《作成》タブ→《レポート》グループの ■ (伝票ウィザード)

●はがきウィザード

はがきの宛名面を作成できます。

◆《作成》タブ→《レポート》グループの ■ (はがきウィザード)

Step6 売上一覧表を印刷する（1）

1 作成するレポートの確認

次のようなレポート「R売上一覧表（本日分）」を作成しましょう。
「本日」の売上データを印刷します。

> 本書では、パソコンの日付を2016年6月28日として処理しています。
> 本書と同じ結果を得るために、パソコンの日付を2016年6月28日にしておきましょう。
> ◆タスクバーの時刻部分を右クリック→《日付と時刻の調整》→《日付と時刻》の《時刻を自動的に設定する》をオフ→《日付と時刻を変更する》の《変更》
> ※日付を変更するには、アカウントの種類が管理者のユーザーでパソコンにサインインする必要があります。

売上一覧表(本日分)

売上日	得意先コード	得意先名	担当者コード	担当者名	商品コード	商品名	単価	数量	金額
2016/06/28	10090	大江戸販売	110	山木 由美	1020	バット（金属製）	¥15,000	5	¥75,000
2016/06/28	10230	スポーツスクエア鳥居	150	福田 進	3020	スキーブーツ	¥23,000	10	¥230,000
2016/06/28	10210	富士デパート	130	安藤 百合子	2020	ゴルフボール	¥1,200	50	¥60,000
2016/06/28	10020	富士スポーツ	140	吉岡 雄介	2010	ゴルフクラブ	¥68,000	5	¥340,000
2016/06/28	40020	草場スポーツ	140	吉岡 雄介	5020	ポロシャツ	¥5,500	4	¥22,000
2016/06/28	10180	いろは通信販売	130	安藤 百合子	1030	野球グローブ	¥19,800	10	¥198,000
2016/06/28	30020	テニスショップ富士	120	佐伯 浩太	3010	スキー板	¥55,000	2	¥110,000

2016年6月28日　　　　　　　　　　　　　　　　　　　　　　　　1/1 ページ

「本日」の売上データを印刷

2 もとになるクエリの作成

「本日」の売上データを印刷するには、クエリ「Q売上データ」から「本日」の売上データを抽出するクエリを、あらかじめ作成しておく必要があります。
レポートのもとになるクエリ「**Q売上データ（本日分）**」を作成しましょう。

①ナビゲーションウィンドウのクエリ「**Q売上データ**」を右クリックします。
②《**デザインビュー**》をクリックします。

条件を設定します。
③「売上日」フィールドの《**抽出条件**》セルに次のように入力します。

```
Date()
```

※半角で入力します。
クエリを実行して、結果を確認します。
④《**デザイン**》タブを選択します。
⑤《**結果**》グループの （表示）をクリックします。

> **POINT ▶▶▶**
>
> **Date関数**
> パソコンの「本日の日付」を返します。
>
> ```
> Date()
> ```

220

第8章 レポートによるデータの印刷

「売上日」が「本日」のデータが抽出されます。

編集したクエリを保存します。
⑥ F12 を押します。
《名前を付けて保存》ダイアログボックスが表示されます。
⑦《'Q売上データ'の保存先》に「Q売上データ（本日分）」と入力します。
⑧《OK》をクリックします。
※クエリを閉じておきましょう。

3 レポートの作成

レポートウィザードを使って、クエリ「Q売上データ（本日分）」をもとに、レポート「R売上一覧表（本日分）」を作成しましょう。

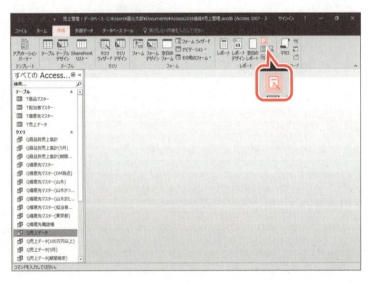

①《作成》タブを選択します。
②《レポート》グループの ▦ （レポートウィザード）をクリックします。

221

《レポートウィザード》が表示されます。
③《テーブル/クエリ》の ∨ をクリックし、一覧から「クエリ：Q売上データ（本日分）」を選択します。
「売上番号」と「消費税」と「税込金額」以外のフィールドを選択します。
④ >> をクリックします。
⑤《選択したフィールド》の一覧から「売上番号」を選択します。
⑥ < をクリックします。
⑦同様に、「消費税」と「税込金額」の選択を解除します。
⑧《次へ》をクリックします。

グループレベルを指定する画面が表示されます。
自動的に「得意先コード」が指定されているので解除します。
⑨ < をクリックします。

グループレベルが解除されます。
⑩《次へ》をクリックします。

222

レコードを並べ替える方法を指定する画面が表示されます。
※今回、並べ替えは指定しません。
⑪《次へ》をクリックします。

レポートの印刷形式を選択します。
⑫《レイアウト》の《表形式》を◉にします。
⑬《印刷の向き》の《横》を◉にします。
⑭《次へ》をクリックします。

レポート名を入力します。
⑮《レポート名を指定してください。》に「R売上一覧表（本日分）」と入力します。
⑯《レポートをプレビューする》を◉にします。
⑰《完了》をクリックします。

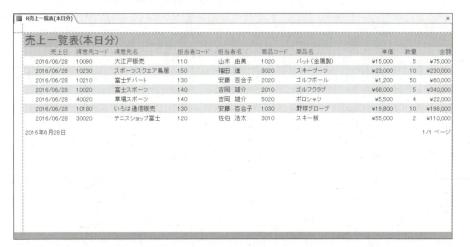

作成したレポートが印刷プレビューで表示されます。

Let's Try

ためしてみよう

① レイアウトビューを使って、タイトルを「R売上一覧表(本日分)」から「売上一覧表(本日分)」に変更しましょう。
② フィールド名が配置されている行の背景色を「緑2」に変更しましょう。
③ コントロールのサイズと配置を調整しましょう。
※印刷プレビューに切り替えて、結果を確認しましょう。
※レポートを上書き保存し、閉じておきましょう。

Let's Try Answer

①
①ステータスバーの 🗗 (レイアウトビュー)をクリック
②「R売上一覧表(本日分)」ラベルを2回クリックし、「R」を削除

②
①フィールド名が配置されている行の左側をクリック
②《書式》タブを選択
③《フォント》グループの 🎨▼ (背景色)の ▼ をクリック
④《標準の色》の《緑2》(左から7番目、上から3番目)をクリック

③
①コントロールのサイズと配置を調整

> パソコンの日付をもとに戻しておきましょう。

224

売上一覧表を印刷する（2）

1 作成するレポートの確認

次のようなレポート「R売上一覧表（期間指定）」を作成しましょう。

《パラメーターの入力》ダイアログボックスで指定した期間の売上データを印刷

2 もとになるクエリの確認

Between And 演算子を利用したパラメータークエリをもとにレポートを作成すると、印刷を実行するたびに範囲の上限と下限を指定して、その範囲内のデータを印刷できます。
クエリ「Q売上データ(期間指定)」をデザインビューで開き、条件を確認しましょう。

①ナビゲーションウィンドウのクエリ「Q売上データ(期間指定)」を右クリックします。
②《デザインビュー》をクリックします。

クエリがデザインビューで開かれます。
③「売上日」フィールドの《抽出条件》セルに次の条件が設定されていることを確認します。

Between [開始年月日を入力] And [終了年月日を入力]

※列幅を調整して、条件を確認しましょう。
※クエリを閉じておきましょう。

3 レポートの作成

クエリ「Q売上データ(期間指定)」をもとに、レポート「R売上一覧表(期間指定)」を作成しましょう。

①《作成》タブを選択します。
②《レポート》グループの (レポートウィザード)をクリックします。

226

《レポートウィザード》が表示されます。

③《テーブル/クエリ》の　をクリックし、一覧から「クエリ:Q売上データ(期間指定)」を選択します。

「売上番号」と「消費税」と「税込金額」以外のフィールドを選択します。

④　>>　をクリックします。

⑤《選択したフィールド》の一覧から「売上番号」を選択します。

⑥　<　をクリックします。

⑦同様に、「消費税」と「税込金額」の選択を解除します。

⑧《次へ》をクリックします。

グループレベルを指定する画面が表示されます。

自動的に「得意先コード」が指定されているので解除します。

⑨　<　をクリックします。

グループレベルが解除されます。

⑩《次へ》をクリックします。

レコードを並べ替える方法を指定する画面が表示されます。

※今回、並べ替えは指定しません。

⑪《次へ》をクリックします。

レポートの印刷形式を選択します。

⑫《レイアウト》の《表形式》を ● にします。

⑬《印刷の向き》の《横》を ● にします。

⑭《次へ》をクリックします。

レポート名を入力します。
⑮《レポート名を指定してください。》に「R売上一覧表(期間指定)」と入力します。
⑯《レポートをプレビューする》を◉にします。
⑰《完了》をクリックします。

《パラメーターの入力》ダイアログボックスが表示されます。
⑱「開始年月日を入力」に「2016/05/15」と入力します。
⑲《OK》をクリックします。

《パラメーターの入力》ダイアログボックスが表示されます。
⑳「終了年月日を入力」に「2016/05/31」と入力します。
㉑《OK》をクリックします。

《パラメーターの入力》ダイアログボックスで指定した範囲のレコードが抽出され、印刷プレビューで表示されます。

Let's Try ためしてみよう

① レイアウトビューを使って、タイトルを「R売上一覧表（期間指定）」から「売上一覧表（期間指定）」に変更しましょう。
② フィールド名が配置されている行の背景色を「緑2」に変更しましょう。
③ コントロールのサイズと配置を調整しましょう。
※印刷プレビューに切り替えて、結果を確認しましょう。
※レポートを上書き保存し、閉じておきましょう。

Let's Try Answer

①
① ステータスバーの （レイアウトビュー）をクリック
②「R売上一覧表（期間指定）」ラベルを2回クリックし、「R」を削除

②
① フィールド名が配置されている行の左側をクリック
②《書式》タブを選択
③《フォント》グループの （背景色）の をクリック
④《標準の色》の《緑2》（左から7番目、上から3番目）をクリック

③
① コントロールのサイズと配置を調整

第9章

Chapter 9

便利な機能

Check	この章で学ぶこと ……………………………………	231
Step1	ナビゲーションフォームを作成する ……………	232
Step2	オブジェクトの依存関係を確認する ……………	235
Step3	PDFファイルとして保存する ……………………	237
Step4	テンプレートを利用する …………………………	240

Chapter 9

この章で学ぶこと

学習前に習得すべきポイントを理解しておき、
学習後には確実に習得できたかどうかを振り返りましょう。

1 ナビゲーションフォームを作成できる。 → P.233

2 オブジェクトの依存関係を確認できる。 → P.235

3 レポートをPDFファイルとして作成できる。 → P.238

4 テンプレートを利用してデータベースを作成できる。 → P.240

Step 1 ナビゲーションフォームを作成する

1 ナビゲーションフォーム

「ナビゲーションフォーム」とは、既存のフォームやレポートを瞬時に表示するためのフォームのことです。ナビゲーションといわれる領域に登録したフォーム名やレポート名をクリックするだけで、ナビゲーションフォーム内にフォームやレポートが表示されます。フォームやレポートを切り替えながら作業するときに効率的です。

●ナビゲーションフォーム

2 作成するナビゲーションフォームの確認

次のようなフォーム「Fナビゲーション」を作成しましょう。

232

3 ナビゲーションフォームの作成

ナビゲーションを左に配置するフォーム「**Fナビゲーション**」を作成しましょう。

①《**作成**》タブを選択します。
②《**フォーム**》グループの (ナビゲーション)をクリックします。
③《**垂直タブ（左）**》をクリックします。
※《フィールドリスト》が表示される場合は、 (閉じる)をクリックして閉じておきましょう。

④ナビゲーションウィンドウのフォーム「**F商品マスター**」をナビゲーションフォームの《**新規追加**》にドラッグします。
ドラッグ中、マウスポインターの形が に変わり、《**新規作成**》の上部に目印となる線が表示されます。

「**F商品マスター**」がナビゲーションフォームに追加されます。
⑤同様に、次のフォームとレポートを追加します。

オブジェクト	フォーム/レポート
フォーム	F担当者マスター
〃	F得意先マスター
〃	F売上データ
レポート	R商品マスター
〃	R得意先マスター（DM発送）

タイトルを削除します。
⑥「**ナビゲーションフォーム**」ラベルを選択します。
⑦ Delete を押します。
⑧同様に、タイトルのアイコンを削除します。

フォームビューで確認します。
⑨《デザイン》タブを選択します。
※《ホーム》タブでもかまいません。
⑩《表示》グループの （表示）をクリックします。

⑪ナビゲーションの「F担当者マスター」をクリックします。

フォーム「F担当者マスター」が表示されます。
⑫同様に、ほかのフォームとレポートを表示します。

作成したフォームを保存します。
⑬ F12 を押します。
《名前を付けて保存》ダイアログボックスが表示されます。
⑭《'ナビゲーションフォーム'の保存先》に「Fナビゲーション」と入力します。
⑮《OK》をクリックします。
※フォームを閉じておきましょう。

234

Step2 オブジェクトの依存関係を確認する

1 オブジェクトの依存関係

「オブジェクトの依存関係」を使うと、オブジェクト間の依存関係を参照できます。オブジェクトをもとにして、どんなオブジェクトが作成されているか、そのオブジェクトはどのオブジェクトをもとに作成したかなどを確認できます。

オブジェクトを削除するとき、事前にオブジェクトの依存関係を参照すると、そのオブジェクトが関連しているほかのオブジェクトが確認できるので、誤って必要なオブジェクトを削除してしまうといったミスを防止できます。

オブジェクトの依存関係を確認しましょう。

①ナビゲーションウィンドウのクエリ「Q売上データ」を選択します。
②《データベースツール》タブを選択します。
③《リレーションシップ》グループの　　（オブジェクトの依存関係）をクリックします。

《オブジェクトの依存関係》が表示されます。
④「クエリ:Q売上データ」と表示されていることを確認します。
⑤《このオブジェクトに依存するオブジェクト》を◉にします。
⑥《クエリ》に「Q商品別売上集計」「Q商品別売上集計(5月)」「Q商品別売上集計(期間指定)」が表示されていることを確認します。
※クエリ名が見えない場合は、《オブジェクトの依存関係》の左側の境界線を左方向にドラッグします。
※選択したクエリ「Q売上データ」をもとにこれらのクエリが作成されているという意味です。
⑦《フォーム》に「F売上データ」が表示されていることを確認します。
※選択したクエリ「Q売上データ」をもとにこのフォームが作成されているという意味です。
⑧《レポート》に「R売上一覧表(期間指定)」「R売上一覧表(本日分)」が表示されていることを確認します。
※これらのレポートは、選択したクエリ「Q売上データ」を編集して作成したクエリをもとに作成されているため、一覧に表示されています。

⑨《このオブジェクトが依存するオブジェクト》を ◉ にします。

⑩《テーブル》に「T商品マスター」「T担当者マスター」「T得意先マスター」「T売上データ」が表示されていることを確認します。

※選択したクエリ「Q売上データ」が、これらのテーブルをもとに作成されているという意味です。

《オブジェクトの依存関係》を閉じます。

⑪ （閉じる）をクリックします。

オブジェクトの依存関係

《オブジェクトの依存関係》で ▷ をクリックすると、さらに深い階層の依存関係や、リレーションシップを作成したテーブルなどを参照できます。

236

Step3 PDFファイルとして保存する

1 PDFファイル

「PDFファイル」とは、パソコンの機種や環境にかかわらず、もとのアプリで作成したとおりに正確に表示できるファイル形式です。作成したアプリがなくても表示用のアプリがあればファイルを表示できるので、閲覧用によく利用されています。
Accessでは、作成したオブジェクトをPDFファイルとして保存できます。

2 PDFファイルの作成

レポート「R得意先マスター（五十音順）」をPDFファイルとして保存しましょう。

1 もとになるオブジェクトの確認

もとになるオブジェクトを確認しましょう。
※レポート「R得意先マスター（五十音順）」を印刷プレビューで開き、確認しておきましょう。
※レポートを閉じておきましょう。

2 PDFファイルの作成

レポート「**R得意先マスター（五十音順）**」をPDFファイル「**R得意先マスター（五十音順）.pdf**」としてフォルダー「**Access2016基礎**」に保存しましょう。

①ナビゲーションウィンドウのレポート「**R得意先マスター（五十音順）**」を選択します。
②《**外部データ**》タブを選択します。
③《**エクスポート**》グループの 📄（PDFまたはXPS）をクリックします。

《**PDFまたはXPS形式で発行**》ダイアログボックスが表示されます。
PDFファイルを保存する場所を指定します。
④左側の一覧から《**ドキュメント**》を選択します。
※《**ドキュメント**》が表示されていない場合は、《**PC**》をダブルクリックします。
⑤右側の一覧から「**Access2016基礎**」を選択します。
⑥《**開く**》をクリックします。
⑦《**ファイル名**》に「**R得意先マスター（五十音順）.pdf**」と入力します。
※「.pdf」は省略できます。
⑧《**ファイルの種類**》が《**PDF（*.pdf）**》になっていることを確認します。
⑨《**発行後にファイルを開く**》を ☑ にします。
⑩《**発行**》をクリックします。

PDFファイルが作成されます。
PDFを表示するアプリが起動し、PDFファイルが開かれます。
※アプリを選択する画面が表示された場合は、《**Microsoft Edge**》を選択します。

238

第9章 便利な機能

PDFファイルを閉じます。
⑪ × (閉じる)をクリックします。

Accessに戻り、《エクスポート-PDF》ダイアログボックスが表示されます。
⑫《閉じる》をクリックします。

データベースを閉じます。
⑬《ファイル》タブを選択します。
⑭《閉じる》をクリックします。

239

Step 4 テンプレートを利用する

1 テンプレートの利用

「**テンプレート**」とは、あらかじめ必要なテーブル、クエリ、フォーム、レポートなどがすでに用意されているデータベースのひな型のことです。
インターネット上には、資産管理や取引先住所録など、データベースの内容に合わせて様々なテンプレートが用意されているので、テンプレートを利用すると効率よくデータベースを作成できます。
※インターネットに接続できる環境が必要です。

①《**ファイル**》タブを選択します。
②《**新規**》をクリックします。
③《**検索の候補**》の《**データベース**》をクリックします。

④《**取引先住所録**》をクリックします。
※一覧に表示されていない場合は、スクロールして調整します。

> **! POINT ▶▶▶**
>
> **テンプレートの種類**
> テンプレートには、地球儀のアイコンが表示されているテンプレートと表示されていないテンプレートがあります。地球儀のアイコンが表示されているテンプレートは、SharePointやOffice 365ユーザーのために用意されたデータベースで、ネットワークを介してWebブラウザー上で使用するデータベースを作成するときに使用します。
>
>
> 地球儀のアイコン

240

《取引先住所録》が表示されます。

⑤《ファイル名》の （データベースの保存場所を指定します）をクリックします。

《新しいデータベース》ダイアログボックスが表示されます。

⑥左側の一覧から《ドキュメント》を選択します。

※《ドキュメント》が表示されていない場合は、《PC》をダブルクリックします。

⑦右側の一覧から「Access2016基礎」を選択します。

⑧《開く》をクリックします。

⑨《ファイル名》に「取引先住所録.accdb」と入力します。

※「.accdb」は省略できます。

⑩《OK》をクリックします。

《取引先住所録》に戻ります。
⑪《ファイル名》に「**取引先住所録.accdb**」と表示されていることを確認します。
⑫《ファイル名》の下に「**C:¥Users¥（ユーザー名）¥Documents¥Access2016基礎¥**」と表示されていることを確認します。
⑬《**作成**》をクリックします。

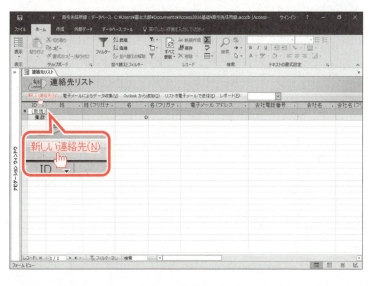

《取引先住所録》テンプレートをもとに、必要なテーブル、クエリ、フォーム、レポートなどが自動的に作成されたデータベース「**取引先住所録.accdb**」が表示されます。
※ナビゲーションウィンドウは非表示になっています。
フォームの内容を確認します。
⑭《**セキュリティの警告**》メッセージバーの《**コンテンツの有効化**》をクリックします。
⑮《**新しい連絡先**》をポイントします。
マウスポインターの形が に変わります。
⑯クリックします。

⑰フォーム「**連絡先詳細**」が表示されます。
フォーム「**連絡先詳細**」を閉じます。
⑱《**閉じる**》をポイントします。
マウスポインターの形が に変わります。
⑲クリックします。

242

第9章 便利な機能

フォームを閉じます。
⑳ × （'連絡先リスト'を閉じる）をクリックします。

データベースを閉じます。
㉑《ファイル》タブを選択します。
㉒《閉じる》をクリックします。

 テンプレートの検索

キーワードを入力してテンプレートを検索することができます。
テンプレートを検索する方法は、次のとおりです。

◆《ファイル》タブ→《新規》→《オンラインテンプレートの検索》にキーワードを入力→ 🔍 （検索の開始）

243

Exercise

総合問題

総合問題1　経費管理データベースの作成 ・・・・・・・・・・・・・・・・・・・・・ 245

総合問題2　受注管理データベースの作成 ・・・・・・・・・・・・・・・・・・・・・ 258

総合問題1　経費管理データベースの作成

解答 ▶ 別冊P.1

経費の使用状況を管理するデータベースを作成しましょう。

●目的
ある企業を例に、次のデータを管理します。

- ●費用項目に関するデータ（項目コード、項目名、費用コード）
- ●費用分類に関するデータ（費用コード、費用名）
- ●部署に関するデータ（部署コード、部署名）
- ●経費使用状況に関するデータ（入力日、部署コード、項目コード、金額、備考など）

●テーブルの設計
次の4つのテーブルに分類して、データを格納します。

File OPEN　データベース「総合問題1.accdb」を開いておきましょう。
また、《セキュリティの警告》メッセージバーの《コンテンツの有効化》をクリックしておきましょう。

1　テーブルの作成

●T経費使用状況

番号	入力日	部署コード	項目コード	金額	備考	処理済
1	2016/04/01	100	K01	¥13,500		☑
2	2016/04/01	200	K01	¥6,900		☑
3	2016/04/04	400	K09	¥28,700		☑
4	2016/04/04	400	K12	¥7,000	海山商事様　事務所開所祝い（花輪）	☑
5	2016/04/04	500	K01	¥89,400		☑
6	2016/04/05	600	K01	¥35,600		☑
7	2016/04/05	400	K06	¥37,200		☑
8	2016/04/06	200	K07	¥16,000		☑
9	2016/04/06	200	K05	¥3,300		☑
10	2016/04/06	700	K11	¥24,000		☑
11	2016/04/07	300	K01	¥2,800		☑
12	2016/04/07	400	K01	¥700		☑
13	2016/04/07	500	K01	¥700		☑
14	2016/04/08	500	K01	¥500		☑
15	2016/04/11	600	K02	¥24,600	人員増加のため、デスク・椅子購入	☑
16	2016/04/11	600	K02	¥16,800	人員増加のため、ロッカー購入	☑
17	2016/04/11	200	K01	¥6,800		☑
18	2016/04/11	700	K05	¥1,800		☑
19	2016/04/11	700	K12	¥90,000		☑
20	2016/04/12	100	K07	¥8,000		☑
21	2016/04/13	400	K07	¥7,000		☑
22	2016/04/13	600	K12	¥35,000		☑
23	2016/04/14	200	K12	¥10,000		☑
24	2016/04/14	300	K01	¥1,500		☑
25	2016/04/15	500	K05	¥1,800		☑
26	2016/04/15	700	K01	¥600		☑
27	2016/04/15	600	K12	¥12,000		☑
28	2016/04/15	400	K12	¥16,000		☑
29	2016/04/18	600	K11	¥46,900		☑

①テーブルを作成しましょう。デザインビューで、次のようにフィールドを設定します。

主キー	フィールド名	データ型	フィールドサイズ
〇	番号	オートナンバー型	
	入力日	日付/時刻型	
	部署コード	短いテキスト	3
	項目コード	短いテキスト	3
	金額	通貨型	
	備考	長いテキスト	
	処理済	Yes/No型	

②作成したテーブルに「**T経費使用状況**」と名前を付けて保存しましょう。
※テーブルを閉じておきましょう。

③Excelファイル「**支出状況.xlsx**」のデータを、テーブル「**T経費使用状況**」にインポートしましょう。
※テーブル「T経費使用状況」をデータシートビューで開いて、結果を確認しましょう。また、各フィールドの列幅を調整し、上書き保存しておきましょう。
※テーブルを閉じておきましょう。

●リレーションシップウィンドウ

④次のようにリレーションシップを作成しましょう。

主テーブル	関連テーブル	共通フィールド	参照整合性
T部署リスト	T経費使用状況	部署コード	あり
T費用項目リスト	T経費使用状況	項目コード	あり
T費用分類リスト	T費用項目リスト	費用コード	あり

※リレーションシップウィンドウのレイアウトを上書き保存し、閉じておきましょう。

2 クエリの作成

●Q費用項目リスト

項目コード	項目名	費用コード	費用名
K01	事務用品	H0001	消耗品費
K02	什器	H0001	消耗品費
K03	定期購読料(新聞)	H0002	図書費
K04	定期購読料(雑誌)	H0002	図書費
K05	書籍	H0002	図書費
K06	新聞掲載	H0003	宣伝広告費
K07	郵便	H0003	宣伝広告費
K08	印刷	H0003	宣伝広告費
K09	電話	H0004	通信費
K10	携帯電話	H0004	通信費
K11	接待	H0005	交際費
K12	進物	H0005	交際費
K13	ファックス	H0006	雑費
K14	パソコン	H0006	雑費
K15	コピー	H0006	雑費

⑤テーブル「**T費用項目リスト**」とテーブル「**T費用分類リスト**」をもとに、クエリを作成しましょう。

次の順番でフィールドをデザイングリッドに登録します。

テーブル	フィールド
T費用項目リスト	項目コード
〃	項目名
〃	費用コード
T費用分類リスト	費用名

※クエリを実行して、結果を確認しましょう。

⑥作成したクエリに「**Q費用項目リスト**」と名前を付けて保存しましょう。

※クエリを閉じておきましょう。

●Q経費使用状況

番号	入力日	部署コード	部署名	項目コード	項目名	費用コード	費用名	金額	備考	処理済
1	2016/04/01	100	人事部	K01	事務用品	H0001	消耗品費	¥13,500		☑
2	2016/04/01	200	経理部	K01	事務用品	H0001	消耗品費	¥6,900		☑
3	2016/04/04	400	企画部	K09	電話	H0004	通信費	¥28,700		☑
4	2016/04/04	400	企画部	K12	進物	H0005	交際費	¥7,000	海山商事様 事務所開所祝い（花輪）	☑
5	2016/04/04	500	情報システム部	K01	事務用品	H0001	消耗品費	¥89,400		☑
6	2016/04/05	600	第1営業部	K01	事務用品	H0001	消耗品費	¥35,600		☑
7	2016/04/05	400	企画部	K06	新聞掲載	H0003	宣伝広告費	¥37,200		☑
8	2016/04/06	200	経理部	K07	郵便	H0003	宣伝広告費	¥16,000		☑
9	2016/04/06	200	経理部	K05	書籍	H0002	図書費	¥3,300		☑
10	2016/04/06	700	第2営業部	K11	接待	H0005	交際費	¥24,000		☑
11	2016/04/07	300	庶務部	K01	事務用品	H0001	消耗品費	¥2,800		☑
12	2016/04/07	400	企画部	K01	事務用品	H0001	消耗品費	¥700		☑
13	2016/04/07	500	情報システム部	K01	事務用品	H0001	消耗品費	¥700		☑
14	2016/04/08	500	情報システム部	K01	事務用品	H0001	消耗品費	¥500		☑
15	2016/04/11	600	第1営業部	K02	什器	H0001	消耗品費	¥24,600	人員増加のため、デスク・椅子購入	☑
16	2016/04/11	600	第1営業部	K02	什器	H0001	消耗品費	¥16,800	人員増加のため、ロッカー購入	☑
17	2016/04/11	200	経理部	K01	事務用品	H0001	消耗品費	¥6,800		☑
18	2016/04/11	700	第2営業部	K05	書籍	H0002	図書費	¥1,800		☑
19	2016/04/11	700	第2営業部	K12	進物	H0005	交際費	¥90,000		☑
20	2016/04/12	100	人事部	K07	郵便	H0003	宣伝広告費	¥8,000		☑
21	2016/04/13	400	企画部	K07	郵便	H0003	宣伝広告費	¥7,000		☑
22	2016/04/13	600	第1営業部	K12	進物	H0005	交際費	¥35,000		☑
23	2016/04/14	200	経理部	K12	進物	H0005	交際費	¥10,000		☑
24	2016/04/14	300	庶務部	K01	事務用品	H0001	消耗品費	¥1,500		☑
25	2016/04/15	500	情報システム部	K05	書籍	H0002	図書費	¥1,800		☑
26	2016/04/15	700	第2営業部	K01	事務用品	H0001	消耗品費	¥600		☑
27	2016/04/15	600	第1営業部	K12	進物	H0005	交際費	¥12,000		☑
28	2016/04/15	400	企画部	K12	進物	H0005	交際費	¥16,000		☑
29	2016/04/18	600	第1営業部	K11	接待	H0005	交際費	¥46,900		☑

レコード: ◀ ◀ 1 / 187 ▶ ▶▶ フィルターなし 検索

⑦「**T経費使用状況**」「**T費用項目リスト**」「**T費用分類リスト**」「**T部署リスト**」の4つのテーブルをもとに、クエリを作成しましょう。次の順番でフィールドをデザイングリッドに登録します。

テーブル	フィールド
T経費使用状況	番号
〃	入力日
〃	部署コード
T部署リスト	部署名
T経費使用状況	項目コード
T費用項目リスト	項目名
〃	費用コード
T費用分類リスト	費用名
T経費使用状況	金額
〃	備考
〃	処理済

⑧「**番号**」フィールドを基準に昇順で並び替わるように設定しましょう。
※クエリを実行して、結果を確認しましょう。

⑨作成したクエリに「**Q経費使用状況**」と名前を付けて保存しましょう。
※クエリを閉じておきましょう。

248

●Q経費使用状況（未処理分）

番号	入力日	部署コード	部署名	項目コード	項目名	費用コード	費用名	金額	備考	処理済
98	2016/05/18	300	庶務部	K01	事務用品	H0001	消耗品費	¥2,300		☐
99	2016/05/18	400	企画部	K11	接待	H0005	交際費	¥36,100		☐
102	2016/05/20	100	人事部	K13	ファックス	H0006	雑費	¥8,500		☐
105	2016/05/20	500	情報システム部	K13	ファックス	H0006	雑費	¥5,800		☐
106	2016/05/20	200	経理部	K13	ファックス	H0006	雑費	¥8,500		☐
107	2016/05/23	400	企画部	K02	什器	H0001	消耗品費	¥24,600	人員増加のため、デスク・椅子購入	☐
109	2016/05/23	500	情報システム部	K05	書籍	H0002	図書費	¥2,000		☐
115	2016/05/27	200	経理部	K12	進物	H0005	交際費	¥7,000	富士スポーツ様 事務所移転祝い（鉢植え）	☐
123	2016/06/01	200	経理部	K01	事務用品	H0001	消耗品費	¥2,900		☐
124	2016/06/01	700	第2営業部	K05	書籍	H0002	図書費	¥3,600		☐
125	2016/06/02	100	人事部	K14	パソコン	H0006	雑費	¥60,000		☐
126	2016/06/03	100	人事部	K13	ファックス	H0006	雑費	¥8,500		☐
138	2016/06/08	500	情報システム部	K14	パソコン	H0006	雑費	¥135,000		☐
139	2016/06/09	500	情報システム部	K13	ファックス	H0006	雑費	¥8,500		☐
143	2016/06/10	600	第1営業部	K13	ファックス	H0006	雑費	¥8,500		☐
145	2016/06/13	700	第2営業部	K14	パソコン	H0006	雑費	¥110,000		☐
146	2016/06/13	700	第2営業部	K13	ファックス	H0006	雑費	¥8,500		☐
147	2016/06/13	700	第2営業部	K15	コピー	H0006	雑費	¥8,300		☐
157	2016/06/16	400	企画部	K04	定期購読料（雑誌）	H0002	図書費	¥400		☐
158	2016/06/16	500	情報システム部	K04	定期購読料（雑誌）	H0002	図書費	¥800		☐
159	2016/06/16	600	第1営業部	K07	郵便	H0003	宣伝広告費	¥8,000		☐
160	2016/06/17	700	第2営業部	K02	什器	H0001	消耗品費	¥18,000	ロッカー入替	☐
163	2016/06/17	300	庶務部	K03	定期購読料（新聞）	H0002	図書費	¥3,900		☐
164	2016/06/17	400	企画部	K03	定期購読料（新聞）	H0002	図書費	¥3,900		☐
165	2016/06/20	600	第1営業部	K11	接待	H0005	交際費	¥39,400		☐
166	2016/06/20	600	第1営業部	K05	書籍	H0002	図書費	¥4,300		☐
167	2016/06/20	600	第1営業部	K03	定期購読料（新聞）	H0002	図書費	¥3,900		☐
168	2016/06/21	700	第2営業部	K11	接待	H0005	交際費	¥25,300		☐
173	2016/06/23	100	人事部	K09	電話	H0004	通信費	¥22,800		☐

レコード: ◄ ◄ 1/41 ► ►► ▼フィルターなし｜検索

⑩ クエリ「**Q経費使用状況**」をデザインビューで開いて編集しましょう。未処理のレコードを抽出するように設定します。

※クエリを実行して、結果を確認しましょう。

⑪ 編集したクエリに「**Q経費使用状況（未処理分）**」と名前を付けて保存しましょう。

※クエリを閉じておきましょう。

●Q経費使用状況（税込金額）

番号	入力日	部署コード	部署名	項目コード	項目名	費用コード	費用名	金額	税込金額	備考	処理済
1	2016/04/01	100	人事部	K01	事務用品	H0001	消耗品費	¥13,500	14580		☑
2	2016/04/01	200	経理部	K01	事務用品	H0001	消耗品費	¥6,900	7452		☑
3	2016/04/04	400	企画部	K09	電話	H0004	通信費	¥28,700	30996		☑
4	2016/04/04	400	企画部	K12	進物	H0005	交際費	¥7,000	7560	海山商事様 事務所開所祝い（花輪）	☑
5	2016/04/04	500	情報システム部	K01	事務用品	H0001	消耗品費	¥89,400	96552		☑
6	2016/04/05	600	第1営業部	K01	事務用品	H0001	消耗品費	¥35,600	38448		☑
7	2016/04/05	400	企画部	K06	新聞掲載	H0003	宣伝広告費	¥37,200	40176		☑
8	2016/04/06	200	経理部	K07	郵便	H0003	宣伝広告費	¥16,000	17280		☑
9	2016/04/06	200	経理部	K05	書籍	H0002	図書費	¥3,300	3564		☑
10	2016/04/06	700	第2営業部	K11	接待	H0005	交際費	¥24,000	25920		☑
11	2016/04/07	300	庶務部	K01	事務用品	H0001	消耗品費	¥2,800	3024		☐
12	2016/04/07	400	企画部	K01	事務用品	H0001	消耗品費	¥700	756		☑
13	2016/04/07	500	情報システム部	K01	事務用品	H0001	消耗品費	¥700	756		☑
14	2016/04/08	500	情報システム部	K01	事務用品	H0001	消耗品費	¥500	540		☑
15	2016/04/11	600	第1営業部	K02	什器	H0001	消耗品費	¥24,600	26568	人員増加のため、デスク・椅子購入	☑
16	2016/04/11	600	第1営業部	K02	什器	H0001	消耗品費	¥16,800	18144	人員増加のため、ロッカー購入	☑
17	2016/04/11	200	経理部	K01	事務用品	H0001	消耗品費	¥6,800	7344		☑
18	2016/04/11	700	第2営業部	K05	書籍	H0002	図書費	¥1,800	1944		☑
19	2016/04/11	700	第2営業部	K12	進物	H0005	交際費	¥90,000	97200		☑
20	2016/04/12	100	人事部	K07	郵便	H0003	宣伝広告費	¥8,000	8640		☑
21	2016/04/13	400	企画部	K07	郵便	H0003	宣伝広告費	¥7,000	7560		☑
22	2016/04/13	600	第1営業部	K12	進物	H0005	交際費	¥35,000	37800		☑
23	2016/04/14	200	経理部	K12	進物	H0005	交際費	¥10,000	10800		☑
24	2016/04/14	300	庶務部	K01	事務用品	H0001	消耗品費	¥1,500	1620		☑
25	2016/04/15	500	情報システム部	K05	書籍	H0002	図書費	¥1,800	1944		☑
26	2016/04/15	700	第2営業部	K01	事務用品	H0001	消耗品費	¥600	648		☑
27	2016/04/15	600	第1営業部	K12	進物	H0005	交際費	¥12,000	12960		☑
28	2016/04/15	400	企画部	K12	進物	H0005	交際費	¥16,000	17280		☑
29	2016/04/18	600	第1営業部	K11	接待	H0005	交際費	¥46,900	50652		☑

レコード: ◄ ◄ 1/187 ► ►► ▼フィルターなし｜検索

249

⑫クエリ「**Q経費使用状況**」をデザインビューで開いて編集しましょう。「**金額**」フィールドの右に「**税込金額**」フィールドを作成し、「**金額×1.08**」を表示します。

> **Hint** デザイングリッドにフィールドを挿入するには、《デザイン》タブの《クエリ設定》グループの （列の挿入）を使います。

※クエリを実行して、結果を確認しましょう。

⑬編集したクエリに「**Q経費使用状況（税込金額）**」と名前を付けて保存しましょう。
※クエリを閉じておきましょう。

●Q経費使用状況（部署指定）

⑭クエリ「**Q経費使用状況**」をデザインビューで開いて編集しましょう。クエリを実行するたびに次のメッセージを表示させ、指定した部署のレコードを抽出するように設定します。

> 部署コードを入力

※クエリを実行して、結果を確認しましょう。任意の部署コードを指定します。部署コードには百単位で「100」～「700」のデータがあります。

⑮編集したクエリに「**Q経費使用状況（部署指定）**」と名前を付けて保存しましょう。
※クエリを閉じておきましょう。

250

●Q経費使用状況（期間指定）

⑯クエリ「**Q経費使用状況**」をデザインビューで開いて編集しましょう。クエリを実行するたびに次のメッセージを表示させ、指定した入力日のレコードを抽出するように設定します。

期間開始日を入力
期間終了日を入力

※クエリを実行して、結果を確認しましょう。任意の期間を指定します。入力日には「2016/04/01」～「2016/06/28」のデータがあります。

⑰編集したクエリに「**Q経費使用状況（期間指定）**」と名前を付けて保存しましょう。
※クエリを閉じておきましょう。

●Q費用項目別集計

項目コード	項目名	金額の合計
K01	事務用品	¥205,200
K02	什器	¥143,000
K03	定期購読料（新聞）	¥32,900
K04	定期購読料（雑誌）	¥7,100
K05	書籍	¥27,700
K06	新聞掲載	¥336,800
K07	郵便	¥1,646,000
K08	印刷	¥1,533,100
K09	電話	¥364,400
K10	携帯電話	¥323,300
K11	接待	¥524,000
K12	進物	¥242,000
K13	ファックス	¥189,900
K14	パソコン	¥1,481,800
K15	コピー	¥256,400

レコード: 1 / 15　フィルターなし　検索

⑱クエリ「**Q経費使用状況**」をもとに、クエリを作成しましょう。次の順番でフィールドをデザイングリッドに登録します。

クエリ	フィールド
Q経費使用状況	項目コード
〃	項目名
〃	金額

⑲作成したクエリに集計行を追加しましょう。「**項目コード**」ごとに、「**金額**」を合計します。
※クエリを実行して、結果を確認しましょう。

⑳作成したクエリに「**Q費用項目別集計**」と名前を付けて保存しましょう。
※クエリを閉じておきましょう。

●Q費用分類別集計（期間指定）

㉑ クエリ「**Q経費使用状況**」をもとに、クエリを作成しましょう。次の順番でフィールドをデザイングリッドに登録します。

クエリ	フィールド
Q経費使用状況	費用コード
〃	費用名
〃	金額

㉒ 作成したクエリに集計行を追加しましょう。「**費用コード**」ごとに、「**金額**」を合計します。

㉓ クエリを実行するたびに次のメッセージを表示させ、指定した入力日のレコードを抽出するように設定しましょう。

> 期間開始日を入力
> 期間終了日を入力

※クエリを実行して、結果を確認しましょう。任意の期間を指定します。入力日には「2016/04/01」～「2016/06/28」のデータがあります。

㉔ 作成したクエリに「**Q費用分類別集計（期間指定）**」と名前を付けて保存しましょう。
※クエリを閉じておきましょう。

3　フォームの作成

●F経費入力

F経費入力

番号	188
入力日	2016/06/28
部署コード	200
部署名	経理部
項目コード	K01
項目名	事務用品
費用コード	H0001
費用名	消耗品費
金額	¥2,500
備考	文房具
処理済	☐

レコード: |◀ ◀ 188 / 188 ▶ ▶| ▶✲　　▼ フィルターなし　　検索

㉕フォームウィザードを使って、フォームを作成しましょう。次のように設定し、それ以外は既定のままとします。

> もとになるクエリ：Q経費使用状況
> フィールド　　　：すべてのフィールド
> レイアウト　　　：単票形式
> フォーム名　　　：F経費入力

㉖レイアウトビューを使って、「**入力日**」テキストボックスのサイズを調整しましょう。

㉗次のテキストボックスの《**使用可能**》プロパティを《**いいえ**》、《**編集ロック**》プロパティを《**はい**》に設定しましょう。

> 番号　　　部署名　　　項目名　　　費用コード　　　費用名

㉘次のレコードを入力しましょう。

> 入力日　　　：2016/06/28
> 部署コード：200
> 項目コード：K01
> 金額　　　　：2500
> 備考　　　　：文房具
> 処理済　　　：☐

※英数字は半角で入力します。

※フォームを上書き保存し、閉じておきましょう。

254

4 レポートの作成

●R経費使用状況

経費使用状況								
番号	入力日	部署コード	部署名	項目コード	項目名	費用コード	費用名	金額
1	2016/04/01	100	人事部	K01	事務用品	H0001	消耗品費	¥13,500
2	2016/04/01	200	経理部	K01	事務用品	H0001	消耗品費	¥6,900
3	2016/04/04	400	企画部	K09	電話	H0004	通信費	¥28,700
4	2016/04/04	400	企画部	K12	進物	H0005	交際費	¥7,000
5	2016/04/04	500	情報システム部	K01	事務用品	H0001	消耗品費	¥89,400
6	2016/04/05	600	第1営業部	K01	事務用品	H0001	消耗品費	¥35,600
7	2016/04/05	400	企画部	K06	新聞掲載	H0003	宣伝広告費	¥37,200
8	2016/04/06	200	経理部	K07	郵便	H0003	宣伝広告費	¥16,000
9	2016/04/06	200	経理部	K05	書籍	H0002	図書費	¥3,300
10	2016/04/06	700	第2営業部	K11	接待	H0005	交際費	¥24,000
11	2016/04/07	300	庶務部	K01	事務用品	H0001	消耗品費	¥2,800
12	2016/04/07	400	企画部	K01	事務用品	H0001	消耗品費	¥700
13	2016/04/07	500	情報システム部	K01	事務用品	H0001	消耗品費	¥700
14	2016/04/08	500	情報システム部	K01	事務用品	H0001	消耗品費	¥500
15	2016/04/11	600	第1営業部	K02	什器	H0001	消耗品費	¥24,600
16	2016/04/11	600	第1営業部	K02	什器	H0001	消耗品費	¥16,800
17	2016/04/11	200	経理部	K01	事務用品	H0001	消耗品費	¥6,800
18	2016/04/11	700	第2営業部	K05	書籍	H0002	図書費	¥1,800
19	2016/04/11	700	第2営業部	K12	進物	H0005	交際費	¥90,000
20	2016/04/12	100	人事部	K07	郵便	H0003	宣伝広告費	¥8,000
21	2016/04/13	400	企画部	K07	郵便	H0003	宣伝広告費	¥7,000
22	2016/04/13	600	第1営業部	K12	進物	H0005	交際費	¥35,000
23	2016/04/14	200	経理部	K12	進物	H0005	交際費	¥10,000
24	2016/04/14	300	庶務部	K01	事務用品	H0001	消耗品費	¥1,500
25	2016/04/15	500	情報システム部	K05	書籍	H0002	図書費	¥1,800
26	2016/04/15	700	第2営業部	K01	事務用品	H0001	消耗品費	¥600
27	2016/04/15	600	第1営業部	K12	進物	H0005	交際費	¥12,000
28	2016/04/15	400	企画部	K12	進物	H0005	交際費	¥16,000

2016年6月28日　　　　　　　　　　　　　　　　　　　　　　　　　　　　1/7 ページ

㉙レポートウィザードを使って、レポートを作成しましょう。次のように設定し、それ以外は既定のままとします。

> もとになるクエリ　：Q経費使用状況
> フィールド　　　　：「備考」「処理済」以外のフィールド
> レイアウト　　　　：表形式
> 印刷の向き　　　　：横
> レポート名　　　　：R経費使用状況

㉚レイアウトビューを使って、レポートのタイトルを「**経費使用状況**」に変更しましょう。
※各コントロールのサイズと配置を調整しておきましょう。
※印刷プレビューに切り替えて、結果を確認しましょう。
※レポートを上書き保存し、閉じておきましょう。

●R経費使用状況（部署指定）

経費使用状況		部署コード	500	部署名	情報システム部
入力日	費用コード		費用名		金額
2016/04/04	H0001		消耗品費		¥89,400
2016/04/07	H0001		消耗品費		¥700
2016/04/08	H0001		消耗品費		¥500
2016/04/15	H0002		図書費		¥1,800
2016/04/22	H0006		雑費		¥120,000
2016/04/22	H0006		雑費		¥8,500
2016/04/25	H0006		雑費		¥6,100
2016/04/28	H0002		図書費		¥800
2016/05/16	H0006		雑費		¥38,000
2016/05/17	H0006		雑費		¥17,600
2016/05/20	H0006		雑費		¥5,800
2016/05/23	H0002		図書費		¥2,000
2016/05/30	H0001		消耗品費		¥12,000
2016/05/30	H0005		交際費		¥5,000
2016/05/31	H0003		宣伝広告費		¥8,000
2016/06/08	H0006		雑費		¥135,000
2016/06/09	H0006		雑費		¥8,500
2016/06/09	H0001		消耗品費		¥700
2016/06/09	H0006		雑費		¥6,400
2016/06/16	H0002		図書費		¥800
2016/06/27	H0004		通信費		¥13,100
2016/06/27	H0004		通信費		¥34,400

2016年6月28日　　　　　　　　　　　　　　　　1/1 ページ

256

㉛レポートウィザードを使って、レポートを作成しましょう。次のように設定し、それ以外は既定のままとします。

もとになるクエリ：Q経費使用状況（部署指定）
フィールド　　　：「入力日」「部署コード」「部署名」「費用コード」「費用名」「金額」
並べ替え　　　：「入力日」フィールドの昇順
レイアウト　　　：表形式
印刷の向き　　：縦
レポート名　　　：R経費使用状況（部署指定）

※レポート作成後、クエリが実行されます。任意の部署コードを指定します。部署コードには百単位で「100」～「700」のデータがあります。

㉜レイアウトビューを使って、レポートのタイトルを**「経費使用状況」**に変更しましょう。

㉝デザインビューを使って、次のコントロールを**《レポートヘッダー》**セクションに移動しましょう。

《ページヘッダー》セクションの「部署コード」ラベルと「部署名」ラベル
《詳細》セクションの「部署コード」テキストボックスと「部署名」テキストボックス

※各コントロールのサイズと配置を調整しておきましょう。
※印刷プレビューに切り替えて、結果を確認しましょう。任意の部署コードを指定します。部署コードには百単位で「100」～「700」のデータがあります。
※レポートを上書き保存し、閉じておきましょう。
※データベース「総合問題1.accdb」を閉じておきましょう。

総合問題2 受注管理データベースの作成

解答 ▶ 別冊P.6

商品の受注内容を管理するデータベースを作成しましょう。

●目的
ある贈答品の販売業者を例に、次のデータを管理します。

- ●商品に関するデータ（商品コード、商品名、分類コード、価格）
- ●商品の分類に関するデータ（分類コード、分類名）
- ●顧客に関するデータ（顧客コード、顧客名、担当部署、担当者名、郵便番号、住所など）
- ●受注に関するデータ（受注日、顧客コード、商品コード、数量など）

●テーブルの設計
次の4つのテーブルに分類して、データを格納します。

1 テーブルの作成

●T分類リスト

分類コード	分類名
A001	商品券
A002	カタログ
A011	ハム
A012	フルーツ
A013	菓子
A014	缶詰
A021	茶
A022	ジュース
A023	酒類
A031	寝具

①フォルダー「Access2016基礎」内にデータベース「総合問題2.accdb」を作成しましょう。

※テーブル1を閉じておきましょう。

②テーブルを作成しましょう。デザインビューで、次のようにフィールドを設定します。

主キー	フィールド名	データ型	フィールドサイズ
〇	分類コード	短いテキスト	4
	分類名	短いテキスト	20

③テーブルに「T分類リスト」と名前を付けて保存しましょう。

④データシートビューに切り替えて、次のレコードを入力しましょう。

分類コード	分類名	分類コード	分類名
A001	商品券	A014	缶詰
A002	カタログ	A021	茶
A011	ハム	A022	ジュース
A012	フルーツ	A023	酒類
A013	菓子	A031	寝具

※英数字は半角で入力します。
※テーブルを閉じておきましょう。

●T商品リスト

商品コード	商品名	分類コード	価格
1001	商品券1000	A001	¥1,000
1002	健康野菜ジュースセット	A022	¥3,000
1003	ハム詰合せ	A011	¥3,000
1004	フルーツジュース詰合せ	A022	¥4,500
1005	無農薬野菜ジュースセット	A022	¥4,500
2001	コットンシーツ	A031	¥5,000
2002	ホテルアイスクリームセット	A013	¥5,000
2003	クッキー詰合せ	A013	¥5,000
2004	静岡煎茶	A021	¥5,000
2005	フルーツ詰合せ	A012	¥5,000
2006	産地直送グルメカタログA	A002	¥5,000
2007	シャーベット・アイスクリームセット	A013	¥7,000
2008	タオルケット	A031	¥8,000
2009	ハム・ソーセージ詰合せ	A011	¥8,000
2010	フレッシュフルーツゼリー	A013	¥9,000
3001	羽毛掛け布団	A031	¥10,000
3002	有名シェフのカレーセット	A014	¥10,000
3003	タラバガニ缶詰	A014	¥10,000
3004	静岡銘茶詰合せ	A021	¥10,000
3005	カタログギフトA	A002	¥10,000
3006	商品券10000	A001	¥10,000
3007	赤ワイン	A023	¥15,000
3008	純米大吟醸	A023	¥15,000
3009	ふかひれスープ	A014	¥15,000
3010	全国銘茶セット	A021	¥15,000
3011	産地直送グルメカタログB	A002	¥15,000
4001	カタログギフトB	A002	¥20,000
4002	カタログギフトC	A002	¥20,000
4003	カタログギフトD	A002	¥25,000
4004	赤白ワインセット	A023	¥30,000
*			¥0

レコード: ◄ ◄ 1 / 30 ► ►► ►* フィルターなし 検索

⑤テーブルを作成しましょう。デザインビューで、次のようにフィールドを設定します。

主キー	フィールド名	データ型	フィールドサイズ
○	商品コード	短いテキスト	4
	商品名	短いテキスト	50
	分類コード	短いテキスト	4
	価格	通貨型	

⑥作成したテーブルに「**T商品リスト**」と名前を付けて保存しましょう。

※テーブルを閉じておきましょう。

⑦Excelファイル「**商品リスト.xlsx**」のデータを、テーブル「**T商品リスト**」にインポートしましょう。

※テーブル「T商品リスト」をデータシートビューで開いて、結果を確認しましょう。また、各フィールドの列幅を調整し、上書き保存しておきましょう。

※テーブルを閉じておきましょう。

●T顧客リスト

顧客コード	顧客名	フリガナ	担当部署	担当者名	郵便番号	住所	TEL	DM
G1001	水元企画株式会社	ミズモトキカクカブシキガイシャ	総務部総務課	三田 さやか	125-0031	東京都葛飾区西水元X-X-X	03-3600-XXXX	☑
G1002	有限会社海藤商店	ユウゲンガイシャカイドウショウテン	営業部	竹原 由美	177-0034	東京都練馬区富士見台X-X-X	03-3990-XXXX	☐
G1003	パイナップル・カフェ株式会社	パイナップル・カフェカブシキガイシャ	本部総務課	町井 秀人	223-0064	神奈川県横浜市港北区下田町XX	045-561-XXXX	☑
G1004	泰光建設株式会社	ヤスミツケンセツカブシキガイシャ	CSセンター	三井 正人	155-0033	東京都世田谷区代田X-X-X	03-3320-XXXX	☑
G1005	株式会社ホワイトフラワーズ	カブシキガイシャホワイトフラワーズ	営業部第一営業G	牧野 雅氏	179-0084	東京都練馬区氷川台X-X-X	03-3930-XXXX	☑
G1006	株式会社外岡製作所	カブシキガイシャトノオカセイサクショ	顧客サポート部	須田 翼	252-0331	神奈川県相模原市南区大野台X-X-X	042-755-XXXX	☐
G1007	ヨコハマ電機株式会社	ヨコハマデンキカブシキガイシャ	営業一課	駒井 良子	244-0817	神奈川県横浜市戸塚区吉田町X-X-X	045-871-XXXX	☑
G2001	アリス住宅販売株式会社	アリスジュウタクハンバイカブシキガイシャ	営業顧客サポート課	長谷部 良	145-0061	東京都大田区石川町X-X-X	03-3720-XXXX	☐
G2002	株式会社一誠堂本舗	カブシキガイシャイッセイドウホンポ	第三営業顧客サポート課	林 加奈子	221-0013	神奈川県横浜市神奈川区新子安X-X-X	045-438-XXXX	☑
G2003	パリス・フジモトコーポレーション	パリス・フジモトコーポレーション	総務部	中川 耀子	231-0834	神奈川県横浜市中区池袋X-X-X	045-622-XXXX	☑
G2004	株式会社シルキー	カブシキガイシャシルキー	営業本部CS部	山野 真由美	113-0023	東京都文京区向丘X-X-X	03-3813-XXXX	☐
G2005	株式会社SDA	カブシキガイシャSDA	営業企画部推進室	高橋 綾子	167-0053	東京都杉並区西荻南X-X-X	03-3334-XXXX	☑
G2006	プラネット企画株式会社	プラネットキカクカブシキガイシャ	カスタムサポートG	新井 ゆかり	152-0004	東京都目黒区鷹番X-X-X	03-3715-XXXX	☐
G2007	株式会社遠藤電機商事	カブシキガイシャエンドウデンキショウジ	第二営業部	青葉 明	235-0016	神奈川県横浜市磯子区磯子X-X-X	045-750-XXXX	☐
G2008	株式会社アッシュ	カブシキガイシャアッシュ	総務部	下山 美紀	226-0027	神奈川県横浜市緑区長津田X-X-X	045-981-XXXX	☑
G2009	イチカワ運輸株式会社	イチカワウンユカブシキガイシャ	営業部広報課	清瀬 俊	272-0138	千葉県市川市南行徳X-X-X	047-357-XXXX	☑
G2010	宮澤ラジオ販売株式会社	ミヤザワラジオハンバイカブシキガイシャ	営業部	山脇 宋一	157-0073	東京都世田谷区砧X-X-X	03-3482-XXXX	☑
G3001	株式会社パール・ビューティー	カブシキガイシャパール・ビューティー	第二営業部	小池 弘樹	111-0035	東京都台東区西浅草X-X-X	03-5246-XXXX	☐
G3002	株式会社ひいらぎ不動産	カブシキガイシャヒイラギフドウサン	秘書室	北村 健次郎	278-0052	千葉県野田市春日町X-X-X	04-7129-XXXX	☑
G3003	三村産業株式会社	ミムラサンギョウカブシキガイシャ	CS部特別推進室	海江田 幸太郎	157-0062	東京都世田谷区南烏山X-X-X	03-3300-XXXX	☑
G3004	株式会社星野夢書房	カブシキガイシャホシノユメショボウ	秘書課	森下 順	254-0054	神奈川県平塚市中里X-X-X	0463-31-XXXX	☐
G3005	竹原興業株式会社	タケハラコウギョウカブシキガイシャ	顧客サポート部	小島 光	336-0022	埼玉県さいたま市南区白幡X-X-X	048-868-XXXX	☑

レコード: ◄ 1 / 22 ► ►I ►* フィルターなし 検索

⑧Excelファイル「**顧客リスト.xlsx**」のデータをインポートし、テーブル「**T顧客リスト**」を作成しましょう。次のように設定し、それ以外は既定のままとします。

> 先頭行をフィールド名として使う：はい
> 主キー ：顧客コード

※テーブル「**T顧客リスト**」をデータシートビューで開いて、結果を確認しましょう。また、各フィールドの列幅を調整し、上書き保存しておきましょう。
※テーブルを閉じておきましょう。

⑨デザインビューで、次のように「**T顧客リスト**」のフィールドを設定しましょう。

主キー	フィールド名	データ型	フィールドサイズ
○	顧客コード	短いテキスト	5
	顧客名	短いテキスト	50
	フリガナ	短いテキスト	50
	担当部署	短いテキスト	30
	担当者名	短いテキスト	20
	郵便番号	短いテキスト	8
	住所	短いテキスト	50
	TEL	短いテキスト	13
	DM	Yes/No型	

※テーブルを上書き保存し、データシートビューに切り替えて、結果を確認しましょう。
※フィールドサイズの変更に関するメッセージが表示されたら、《はい》をクリックします。
※テーブルを閉じておきましょう。

●T受注リスト

受注番号	受注日	顧客コード	商品コード	数量
1	2016/01/04	G1001	1002	5
2	2016/01/04	G1002	2003	3
3	2016/01/04	G1002	3001	10
4	2016/01/05	G2002	3007	5
5	2016/01/05	G1004	1005	4
6	2016/01/05	G2003	3001	20
7	2016/01/05	G2009	2009	10
8	2016/01/05	G2004	3002	4
9	2016/01/06	G3001	1002	30
10	2016/01/06	G1006	1003	20
11	2016/01/06	G1002	4001	15
12	2016/01/07	G2003	2009	10
13	2016/01/07	G2003	2002	10
14	2016/01/07	G2005	2001	8
15	2016/01/07	G2005	2003	7
16	2016/01/07	G2005	3001	6
17	2016/01/07	G2002	2001	15
18	2016/01/08	G1002	4001	10
19	2016/01/08	G1004	3011	30
20	2016/01/08	G1005	2006	20
21	2016/01/08	G2003	2003	10
22	2016/01/08	G2003	3003	5
23	2016/01/08	G3005	3006	25
24	2016/01/12	G2004	3009	12
25	2016/01/12	G2002	3003	4
26	2016/01/12	G1007	2003	4
27	2016/01/12	G1001	4002	50
28	2016/01/12	G3005	3004	30
29	2016/01/13	G1007	3007	25

レコード: ◀ ◀ 1 / 212 ▶ ▶▮ ▶✳ ▼ フィルターなし 検索

⑩テーブルを作成しましょう。デザインビューで、次のようにフィールドを設定します。

主キー	フィールド名	データ型	フィールドサイズ
○	受注番号	オートナンバー型	
	受注日	日付/時刻型	
	顧客コード	短いテキスト	5
	商品コード	短いテキスト	4
	数量	数値型	整数型

⑪作成したテーブルに「**T受注リスト**」と名前を付けて保存しましょう。
※テーブルを閉じておきましょう。

⑫Excelファイル「**受注リスト.xlsx**」のデータを、テーブル「**T受注リスト**」にインポートしましょう。
※テーブル「T受注リスト」をデータシートビューで開いて、結果を確認しましょう。
※テーブルを閉じておきましょう。

262

●リレーションシップウィンドウ

⑬次のようにリレーションシップを作成しましょう。

主テーブル	関連テーブル	共通フィールド	参照整合性
T顧客リスト	T受注リスト	顧客コード	あり
T商品リスト	T受注リスト	商品コード	あり
T分類リスト	T商品リスト	分類コード	あり

※リレーションシップウィンドウのレイアウトを上書き保存し、閉じておきましょう。

2 クエリの作成

●Q商品リスト

商品コード	商品名	分類コード	分類名	価格
1001	商品券1000	A001	商品券	¥1,000
1002	健康野菜ジュースセット	A022	ジュース	¥3,000
1003	ハム詰合せ	A011	ハム	¥3,000
1004	フルーツジュース詰合せ	A022	ジュース	¥4,500
1005	無農薬野菜ジュースセット	A022	ジュース	¥4,500
2001	コットンシーツ	A031	寝具	¥5,000
2002	ホテルアイスクリームセット	A013	菓子	¥5,000
2003	クッキー詰合せ	A013	菓子	¥5,000
2004	静岡煎茶	A021	茶	¥5,000
2005	フルーツ詰合せ	A012	フルーツ	¥5,000
2006	産地直送グルメカタログA	A002	カタログ	¥5,000
2007	シャーベット・アイスクリームセット	A013	菓子	¥7,000
2008	タオルケット	A031	寝具	¥8,000
2009	ハム・ソーセージ詰合せ	A011	ハム	¥8,000
2010	フレッシュフルーツゼリー	A013	菓子	¥9,000
3001	羽毛掛け布団	A031	寝具	¥10,000
3002	有名シェフのカレーセット	A014	缶詰	¥10,000
3003	タラバガニ缶詰	A014	缶詰	¥10,000
3004	静岡銘茶詰合せ	A021	茶	¥10,000
3005	カタログギフトA	A002	カタログ	¥10,000
3006	商品券10000	A001	商品券	¥10,000
3007	赤ワイン	A023	酒類	¥15,000
3008	純米大吟醸	A023	酒類	¥15,000
3009	ふかひれスープ	A014	缶詰	¥15,000
3010	全国銘茶セット	A021	茶	¥15,000
3011	産地直送グルメカタログB	A002	カタログ	¥15,000
4001	カタログギフトB	A002	カタログ	¥20,000
4002	カタログギフトC	A002	カタログ	¥20,000
4003	カタログギフトD	A002	カタログ	¥25,000
4004	赤白ワインセット	A023	酒類	¥30,000

⑭テーブル「**T商品リスト**」とテーブル「**T分類リスト**」をもとに、クエリを作成しましょう。次の順番でフィールドをデザイングリッドに登録します。

テーブル	フィールド
T商品リスト	商品コード
〃	商品名
〃	分類コード
T分類リスト	分類名
T商品リスト	価格

⑮「**商品コード**」フィールドを基準に昇順で並び替わるように設定しましょう。
※クエリを実行して、結果を確認しましょう。

⑯作成したクエリに「**Q商品リスト**」と名前を付けて保存しましょう。
※クエリを閉じておきましょう。

●Q受注リスト

受注番号	受注日	顧客コード	顧客名	TEL	商品コード	商品名	分類コード	分類名	価格	数量	金額
1	2016/01/04	G1001	水元企画株式会社	03-3600-XXXX	1002	健康野菜ジュースセット	A022	ジュース	¥3,000	5	¥15,000
2	2016/01/04	G1002	有限会社海藤商店	03-3990-XXXX	2003	クッキー詰合せ	A013	菓子	¥5,000	3	¥15,000
3	2016/01/04	G1002	有限会社海藤商店	03-3990-XXXX	3001	羽毛掛け布団	A031	寝具	¥10,000	10	¥100,000
4	2016/01/05	G2002	株式会社一誠堂本舗	045-438-XXXX	3007	赤ワイン	A023	酒類	¥15,000	5	¥75,000
5	2016/01/05	G1004	泰光建設株式会社	03-3320-XXXX	1005	無農薬野菜ジュースセット	A022	ジュース	¥4,500	4	¥18,000
6	2016/01/05	G2003	パリス・フジモトコーポレーション	045-622-XXXX	3001	羽毛掛け布団	A031	寝具	¥10,000	20	¥200,000
7	2016/01/05	G2009	イチカワ運輸株式会社	047-357-XXXX	2009	ハム・ソーセージ詰合せ	A011	ハム	¥8,000	10	¥80,000
8	2016/01/05	G2004	株式会社シルキー	03-3813-XXXX	3002	有名シェフのカレーセット	A014	缶詰	¥10,000	4	¥40,000
9	2016/01/06	G3001	株式会社パール・ビューティー	03-5246-XXXX	1002	健康野菜ジュースセット	A022	ジュース	¥3,000	30	¥90,000
10	2016/01/06	G1006	株式会社外岡製作所	042-755-XXXX	1003	ハム詰合せ	A011	ハム	¥3,000	20	¥60,000
11	2016/01/06	G1002	有限会社海藤商店	03-3990-XXXX	4001	カタログギフトB	A002	カタログ	¥20,000	15	¥300,000
12	2016/01/07	G2003	パリス・フジモトコーポレーション	045-622-XXXX	2009	ハム・ソーセージ詰合せ	A011	ハム	¥8,000	10	¥80,000
13	2016/01/07	G2003	パリス・フジモトコーポレーション	045-622-XXXX	2002	ホテルアイスクリームセット	A013	菓子	¥5,000	10	¥50,000
14	2016/01/07	G2005	株式会社SDA	03-3334-XXXX	2001	コットンシーツ	A031	寝具	¥5,000	8	¥40,000
15	2016/01/07	G2005	株式会社SDA	03-3334-XXXX	2003	クッキー詰合せ	A013	菓子	¥5,000	7	¥35,000
16	2016/01/07	G2005	株式会社SDA	03-3334-XXXX	3001	羽毛掛け布団	A031	寝具	¥10,000	6	¥60,000
17	2016/01/08	G2002	株式会社一誠堂本舗	045-438-XXXX	2001	コットンシーツ	A031	寝具	¥5,000	15	¥75,000
18	2016/01/08	G1002	有限会社海藤商店	03-3990-XXXX	4001	カタログギフトB	A002	カタログ	¥20,000	10	¥200,000
19	2016/01/08	G1004	泰光建設株式会社	03-3320-XXXX	3011	産地直送グルメカタログB	A002	カタログ	¥15,000	30	¥450,000
20	2016/01/08	G1005	株式会社ホワイトフラワーズ	03-3930-XXXX	2006	産地直送グルメカタログA	A002	カタログ	¥5,000	20	¥100,000
21	2016/01/08	G2003	パリス・フジモトコーポレーション	045-622-XXXX	2003	クッキー詰合せ	A013	菓子	¥5,000	10	¥50,000
22	2016/01/08	G2003	パリス・フジモトコーポレーション	045-622-XXXX	3003	タラバガニ缶詰	A014	缶詰	¥10,000	5	¥50,000
23	2016/01/08	G3005	竹原興業株式会社	048-868-XXXX	3006	商品券10000	A001	商品券	¥10,000	25	¥250,000
24	2016/01/12	G2004	株式会社シルキー	03-3813-XXXX	3009	ふかひれスープ	A014	缶詰	¥15,000	12	¥180,000
25	2016/01/12	G2002	株式会社一誠堂本舗	045-438-XXXX	3003	タラバガニ缶詰	A014	缶詰	¥10,000	4	¥40,000
26	2016/01/12	G1007	ヨコハマ電機株式会社	045-871-XXXX	2003	クッキー詰合せ	A013	菓子	¥5,000	4	¥20,000
27	2016/01/12	G1001	水元企画株式会社	03-3600-XXXX	4002	カタログギフトC	A002	カタログ	¥20,000	50	¥1,000,000
28	2016/01/12	G3005	竹原興業株式会社	048-868-XXXX	3004	静岡銘茶詰合せ	A021	茶	¥10,000	30	¥300,000
	2016/01/12	G1007	ヨコハマ電機株式会社	045-871-XXXX	3007	赤ワイン	A023	酒類	¥15,000	25	¥375,000

レコード: 1 / 212　フィルターなし　検索

⑰「**T顧客リスト**」「**T受注リスト**」「**T商品リスト**」「**T分類リスト**」の4つのテーブルをもとに、クエリを作成しましょう。次の順番でフィールドをデザイングリッドに登録します。

テーブル	フィールド
T受注リスト	受注番号
〃	受注日
〃	顧客コード
T顧客リスト	顧客名
〃	TEL
T受注リスト	商品コード
T商品リスト	商品名
〃	分類コード
T分類リスト	分類名
T商品リスト	価格
T受注リスト	数量

⑱「**受注番号**」フィールドを基準に昇順で並び替わるように設定しましょう。

⑲「**数量**」フィールドの右に「**金額**」フィールドを作成し、「**価格×数量**」を表示しましょう。
※クエリを実行して、結果を確認しましょう。

⑳作成したクエリに「**Q受注リスト**」と名前を付けて保存しましょう。
※クエリを閉じておきましょう。

●Q大口受注（A001またはA002）

受注番号	受注日	顧客コード	顧客名	TEL	商品コード	商品名	分類コード	分類名	価格	数量	金額
19	2016/01/08	G1004	泰光建設株式会社	03-3320-XXXX	3011	産地直送グルメカタログB	A002	カタログ	¥15,000	30	¥450,000
27	2016/01/12	G1001	水元企画株式会社	03-3600-XXXX	4002	カタログ ギフトC	A002	カタログ	¥20,000	50	¥1,000,000
34	2016/01/14	G1005	株式会社ホワイトフラワーズ	03-3930-XXXX	1001	商品券1000	A001	商品券	¥1,000	60	¥60,000
41	2016/01/15	G1003	パイナップル・カフェ株式会社	045-561-XXXX	3005	カタログ ギフトA	A002	カタログ	¥10,000	60	¥600,000
70	2016/01/27	G2010	宮澤ラジオ販売株式会社	03-3482-XXXX	1001	商品券1000	A001	商品券	¥1,000	60	¥60,000
76	2016/01/28	G1002	有限会社海藤商店	03-3990-XXXX	4002	カタログ ギフトC	A002	カタログ	¥20,000	40	¥800,000
111	2016/02/12	G3002	株式会社ひいらぎ不動産	04-7129-XXXX	3011	産地直送グルメカタログB	A002	カタログ	¥15,000	50	¥750,000
118	2016/02/16	G1003	パイナップル・カフェ株式会社	045-561-XXXX	1001	商品券1000	A001	商品券	¥1,000	40	¥40,000
128	2016/02/22	G1003	パイナップル・カフェ株式会社	045-561-XXXX	3011	産地直送グルメカタログB	A002	カタログ	¥15,000	30	¥450,000
129	2016/02/23	G1007	ヨコハマ電機株式会社	045-871-XXXX	2006	産地直送グルメカタログA	A002	カタログ	¥5,000	30	¥150,000
148	2016/03/04	G1003	パイナップル・カフェ株式会社	045-561-XXXX	4001	カタログ ギフトB	A002	カタログ	¥20,000	30	¥600,000
151	2016/03/07	G1003	パイナップル・カフェ株式会社	045-561-XXXX	1001	商品券1000	A001	商品券	¥1,000	70	¥70,000
152	2016/03/07	G2001	アリス住宅販売株式会社	03-3720-XXXX	4002	カタログ ギフトC	A002	カタログ	¥20,000	50	¥1,000,000
159	2016/03/09	G2002	株式会社一誠堂本舗	045-438-XXXX	3006	商品券10000	A001	商品券	¥10,000	50	¥500,000
161	2016/03/09	G1005	株式会社ホワイトフラワーズ	03-3930-XXXX	4002	カタログ ギフトC	A002	カタログ	¥20,000	30	¥600,000
165	2016/03/10	G1007	ヨコハマ電機株式会社	045-871-XXXX	4002	カタログ ギフトC	A002	カタログ	¥20,000	50	¥1,000,000
195	2016/03/23	G1007	ヨコハマ電機株式会社	045-871-XXXX	4001	カタログ ギフトB	A002	カタログ	¥20,000	30	¥600,000
*	(新規)										

レコード: 1/17　フィルターなし　検索

㉑クエリ「**Q受注リスト**」をデザインビューで開いて編集しましょう。抽出条件を次のように設定します。

> 「分類コード」が「A001」で「数量」が「30以上」
> または
> 「分類コード」が「A002」で「数量」が「30以上」

※クエリを実行して、結果を確認しましょう。

㉒編集したクエリに「**Q大口受注（A001またはA002）**」と名前を付けて保存しましょう。
※クエリを閉じておきましょう。

●Q顧客リスト（神奈川県）

顧客コード	顧客名	担当部署	担当者名	郵便番号	住所	TEL	DM
G1003	パイナップル・カフェ株式会社	本部総務課	町井 秀人	223-0064	神奈川県横浜市港北区下田町XX	045-561-XXXX	☑
G1006	株式会社外岡製作所	顧客サポート部	須田 翼	252-0331	神奈川県相模原市南区大野台X-X-X	042-755-XXXX	☐
G1007	ヨコハマ電機株式会社	営業一課	駒井 良子	244-0817	神奈川県横浜市戸塚区吉田町X-X-X	045-871-XXXX	☑
G2002	株式会社一誠堂本舗	第三営業部顧客サポート課	林 加奈子	221-0013	神奈川県横浜市神奈川区新子安X-X-X	045-438-XXXX	☑
G2003	パリス・フジモトコーポレーション	総務部	中川 耀子	231-0834	神奈川県横浜市中区池袋X-X	045-622-XXXX	☑
G2007	株式会社遠藤電機商事	第二営業部	青葉 明	235-0016	神奈川県横浜市磯子区磯子X-X-X	045-750-XXXX	☐
G2008	株式会社アッシュ	総務部	下山 美紀	226-0027	神奈川県横浜市緑区長津田X-X-X	045-981-XXXX	☑
G3004	株式会社星野書房	秘書課	森下 順	254-0054	神奈川県平塚市中里X-X	0463-31-XXXX	☐
*							☐

レコード: 1/8　フィルターなし　検索

㉓テーブル「**T顧客リスト**」をもとに、クエリを作成しましょう。「**フリガナ**」以外のフィールドをデザイングリッドに登録し、抽出条件を次のように設定します。

> 「住所」が「神奈川県」から始まる

※クエリを実行して、結果を確認しましょう。

㉔作成したクエリに「**Q顧客リスト（神奈川県）**」と名前を付けて保存しましょう。
※クエリを閉じておきましょう。

● Q受注リスト(期間指定)

㉕クエリ「**Q受注リスト**」をデザインビューで開いて編集しましょう。クエリを実行するたびに次のメッセージを表示させ、指定した受注日のレコードを抽出するように設定します。

> 期間開始日を入力
> 期間終了日を入力

※クエリを実行して、結果を確認しましょう。任意の期間を指定します。受注日には「2016/01/04」～「2016/03/29」のデータがあります。

㉖編集したクエリに「**Q受注リスト(期間指定)**」と名前を付けて保存しましょう。
※クエリを閉じておきましょう。

●Q分類別集計（期間指定）

㉗クエリ「**Q受注リスト**」をもとに、クエリを作成しましょう。次の順番でフィールドをデザイングリッドに登録します。

クエリ	フィールド
Q受注リスト	分類コード
〃	分類名
〃	金額

㉘作成したクエリに集計行を追加しましょう。「**分類コード**」ごとに、「**金額**」を合計します。

㉙クエリを実行するたびに次のメッセージを表示させ、指定した受注日のレコードを抽出するように設定しましょう。

> 期間開始日を入力
> 期間終了日を入力

※クエリを実行して、結果を確認しましょう。任意の期間を指定します。受注日には「2016/01/04」～「2016/03/29」のデータがあります。

㉚作成したクエリに「**Q分類別集計（期間指定）**」と名前を付けて保存しましょう。
※クエリを閉じておきましょう。

3 フォームの作成

●F顧客入力

㉛フォームウィザードを使って、フォームを作成しましょう。次のように設定し、それ以外は既定のままとします。

> もとになるテーブル ：T顧客リスト
> フィールド ：すべてのフィールド
> レイアウト ：単票形式
> フォーム名 ：F顧客入力

㉜レイアウトビューを使って、「顧客名」「フリガナ」「住所」「TEL」テキストボックスのサイズを調整しましょう。

※フォームを上書き保存し、閉じておきましょう。

●F受注入力

F受注入力	×

F受注入力

受注番号	213	
受注日	2016/03/29	
顧客コード	G2007	
顧客名	株式会社遠藤電機商事	
TEL	045-750-XXXX	
商品コード	2005	
商品名	フルーツ詰合せ	
分類コード	A012	
分類名	フルーツ	
価格	¥5,000	
数量	8	
金額	¥40,000	

レコード: |◀ ◀ 213 / 213 ▶ ▶| ▶✳ 　▼フィルターなし　 検索

㉝ フォームウィザードを使って、フォームを作成しましょう。次のように設定し、それ以外は既定のままとします。

> もとになるクエリ：Q受注リスト
> フィールド　　　：すべてのフィールド
> レイアウト　　　：単票形式
> フォーム名　　　：F受注入力

㉞ レイアウトビューを使って、「**受注日**」「**顧客コード**」「**商品コード**」「**数量**」テキストボックスの背景の色を「**茶**」に変更しましょう。

㉟ レイアウトビューを使って、「**受注日**」「**顧客名**」「**TEL**」「**商品名**」「**分類名**」「**価格**」「**金額**」テキストボックスのサイズを調整しましょう。

㊱ 次のテキストボックスの《**使用可能**》プロパティを《**いいえ**》、《**編集ロック**》プロパティを《**はい**》に設定しましょう。

> 受注番号　　　顧客名　　　TEL　　　商品名　　　分類コード　　　分類名　　　価格

また、「**金額**」テキストボックスの《**編集ロック**》プロパティを《**はい**》に設定しましょう。

㊲ 次のレコードを入力しましょう。

> 受注日　　：2016/03/29
> 顧客コード：G2007
> 商品コード：2005
> 数量　　　：8

※英数字は半角で入力します。
※フォームを上書き保存し、閉じておきましょう。

270

4 レポートの作成

●R商品リスト

商品リスト				
商品コード	商品名	分類コード	分類名	価格
1001	商品券1000	A001	商品券	¥1,000
1002	健康野菜ジュースセット	A022	ジュース	¥3,000
1003	ハム詰合せ	A011	ハム	¥3,000
1004	フルーツジュース詰合せ	A022	ジュース	¥4,500
1005	無農薬野菜ジュースセット	A022	ジュース	¥4,500
2001	コットンシーツ	A031	寝具	¥5,000
2002	ホテルアイスクリームセット	A013	菓子	¥5,000
2003	クッキー詰合せ	A013	菓子	¥5,000
2004	静岡煎茶	A021	茶	¥5,000
2005	フルーツ詰合せ	A012	フルーツ	¥5,000
2006	産地直送グルメカタログA	A002	カタログ	¥5,000
2007	シャーベット・アイスクリームセット	A013	菓子	¥7,000
2008	タオルケット	A031	寝具	¥8,000
2009	ハム・ソーセージ詰合せ	A011	ハム	¥8,000
2010	フレッシュフルーツゼリー	A013	菓子	¥9,000
3001	羽毛掛け布団	A031	寝具	¥10,000
3002	有名シェフのカレーセット	A014	缶詰	¥10,000
3003	タラバガニ缶詰	A014	缶詰	¥10,000
3004	静岡銘茶詰合せ	A021	茶	¥10,000
3005	カタログギフトA	A002	カタログ	¥10,000
3006	商品券10000	A001	商品券	¥10,000
3007	赤ワイン	A023	酒類	¥15,000
3008	純米大吟醸	A023	酒類	¥15,000
3009	ふかひれスープ	A014	缶詰	¥15,000
3010	全国銘茶セット	A021	茶	¥15,000
3011	産地直送グルメカタログB	A002	カタログ	¥15,000
4001	カタログギフトB	A002	カタログ	¥20,000
4002	カタログギフトC	A002	カタログ	¥20,000
4003	カタログギフトD	A002	カタログ	¥25,000
4004	赤白ワインセット	A023	酒類	¥30,000

2016年3月29日　　　　　　　　　　　　　　　　1/1 ページ

㊳レポートウィザードを使って、レポートを作成しましょう。次のように設定し、それ以外は既定のままとします。

> もとになるクエリ：Q商品リスト
> フィールド　　　：すべてのフィールド
> レイアウト　　　：表形式
> 印刷の向き　　　：縦
> レポート名　　　：R商品リスト

㊴レイアウトビューを使って、レポートのタイトルを「**商品リスト**」に変更しましょう。
※各コントロールのサイズと配置を調整しておきましょう。
※印刷プレビューに切り替えて、結果を確認しましょう。
※レポートを上書き保存し、閉じておきましょう。

●R受注リスト(期間指定)

㊵ レポートウィザードを使って、レポートを作成しましょう。次のように設定し、それ以外は既定のままとします。

> もとになるクエリ ：Q受注リスト(期間指定)
> フィールド   ：「TEL」「分類コード」「分類名」以外のフィールド
> グループレベル   ：なし
> レイアウト   ：表形式
> 印刷の向き   ：横
> レポート名   ：R受注リスト(期間指定)

※レポート作成後、クエリが実行されます。任意の期間を指定します。受注日には「2016/01/04」～「2016/03/29」のデータがあります。

㊶レイアウトビューを使って、レポートのタイトルを「受注リスト（期間指定）」に変更しましょう。

※各コントロールのサイズを調整しておきましょう。

※印刷プレビューに切り替えて、結果を確認しましょう。

※レポートを上書き保存し、閉じておきましょう。

●R顧客送付用ラベル

```
111-0035                          113-0023
東京都台東区西浅草X-X-X            東京都文京区向丘X-X-X

株式会社パール・ビューティー        株式会社シルキー
第二営業部                        営業本部CS部
小池 弘樹 様                      山野 真由美 様


125-0031                          145-0061
東京都葛飾区西水元X-X-X            東京都大田区石川町X-X-X

水元企画株式会社                  アリス住宅販売株式会社
総務部総務課                      営業部サポート課
三田 さやか 様                    長谷部 良 様


152-0004                          155-0033
東京都目黒区鷹番X-X-X            東京都世田谷区代田X-X-X

プラネット企画株式会社            泰光建設株式会社
カスタムサポートG                CSセンター
新井 ゆかり 様                   三井 正人 様
```

㊷宛名ラベル用のレポートを作成しましょう。次のように設定し、それ以外は既定のままとします。

もとになるテーブル	：T顧客リスト
メーカー	：Kokuyo
ラベルの種類	：タイ-2161N-w
フォントサイズ	：10
ラベルのレイアウト	：（1行目）「郵便番号」
	（2行目）「住所」
	（4行目）「顧客名」
	（5行目）「担当部署」
	（6行目）「担当者名」□様
並べ替え	：郵便番号
レポート名	：R顧客送付用ラベル

※□は全角空白を表します。

※レポートを閉じておきましょう。

※データベース「総合問題2.accdb」を閉じておきましょう。

※Accessを終了しておきましょう。

付録1

Appendix 1

ショートカットキー一覧

ショートカットキー一覧……………………………………………… 275

Appendix ショートカットキー一覧

付録1 ショートカットキー一覧

データベースの新規作成	Ctrl + N
既存のデータベースを開く	Ctrl + O
Accessの終了	Alt + F4
ナビゲーションウィンドウの表示／非表示	F11
ナビゲーションウィンドウのオブジェクトをデザインビューで開く	Ctrl + Enter
オブジェクト名の変更	F2
オブジェクトウィンドウの切り替え	Ctrl + F6
オブジェクトを閉じる	Ctrl + W
名前を付けて保存	F12
上書き保存	Ctrl + S
コピー	Ctrl + C
切り取り	Ctrl + X
貼り付け	Ctrl + V
元に戻す	Ctrl + Z
入力のキャンセル	Esc
検索	Ctrl + F
置換	Ctrl + H
すべてのレコードの選択	Ctrl + A
サブデータシートの展開	Ctrl + Shift + ↓
サブデータシートを折りたたむ	Ctrl + Shift + ↑
新しいレコードの追加	Ctrl + +
次のフィールドに移動	Tab
前のフィールドに移動	Shift + Tab
先頭のレコードに移動	Ctrl + Home
最終のレコードに移動	Ctrl + End
プロパティシートの表示／非表示	F4
コントロールのサイズ変更	Shift + ↑ ↓ ← →
印刷	Ctrl + P
ズーム	Shift + F2
ヘルプ	F1

275

付録2 | **Appendix 2**

データの正規化

Step1	データベースを設計する	277
Step2	データを正規化する	278

Step 1 データベースを設計する

1 データベースの設計

データベースを作成する前に、どのような用途で利用するのか目的を明確にしておきます。目的に合わせた印刷結果や、その結果を得るために必要となる入力項目などを決定し、合理的にテーブルを設計します。

2 設計手順

データベースを設計する手順は、次のとおりです。

1 目的を明確にする

業務の流れを分析し、売上管理、社員管理など、データベースの目的を明確にします。データベースの使用方法や誰がそのデータベースを使用するのかなどを考えてみます。

2 印刷結果や入力項目を考える

最終的に必要となる印刷結果のイメージと、それに合わせた入力項目を決定します。

●印刷結果

```
                    資格取得情報
                                      2016年7月31日現在
 社員コード ： 160012      部署コード ： 100
 社員名   ： 中村 雄一    部署名   ： 総務部

 取得資格一覧(全3件)
 No.  資格コード   資格名         取得年月日
 1    K020        簿記検定        2016/06/15
 2    G030        Webデザイン検定  2015/09/28
 3    L010        英語検定        2015/04/05
```

●入力項目

```
                    取得資格入力
 社員コード  160012       取得資格コード  K020
 社員名    中村 雄一     取得資格名    簿記検定
 部署コード  100         資格取得日   2016▼年 06▼月 15▼日
 部署名    総務部
```

3 データを正規化する

決定した入力項目をもとに、テーブルを設計します。テーブル同士は共通の項目で関連付け、必要に応じてデータを参照させることができます。各入力項目を分類してテーブルを分けることで、重複するデータ入力を避け、ディスク容量の無駄や入力ミスなどが起こりにくいデータベースを構築できます。テーブルを設計するには、データの正規化を考えます。

テーブル設計のポイント
・繰り返しデータをなくす
・情報は1回だけ登録されるようにする
・基本的に計算で得られる情報はテーブルに保存しない

Step2 データを正規化する

1 データの正規化

「データの正規化」とは、データの重複がないようにテーブルを適切に分割することです。データを正規化すると、データベースを効果的に管理できます。一般的に正規化には3つの段階があります。社員取得資格を例に、第1正規化から第3正規化までの手順を考えます。

1 第1正規化

繰り返し項目を別のテーブルに分割して、繰り返し項目をなくします。

●社員取得資格

社員コード	社員名	部署コード	部署名	資格コード	資格名	取得年月日
160012	中村　雄一	100	総務部	L010	英語検定	2015/04/05
				G030	Webデザイン検定	2015/09/28
				K020	簿記検定	2016/06/15
160028	広川　さとみ	200	営業部	L010	英語検定	2015/10/12
160030	遠藤　義文	300	情報システム部	G010	情報処理技術者	2015/11/20
				G030	Webデザイン検定	2016/07/10

①テーブル「社員取得資格」は繰り返し項目を持つので、テーブル「社員」とテーブル「取得資格」に分割する

第1正規化

③「社員コード」と「資格コード」はテーブル「取得資格」の主キーとなる

●社員

社員コード	社員名	部署コード	部署名
160012	中村　雄一	100	総務部
160028	広川　さとみ	200	営業部
160030	遠藤　義文	300	情報システム部

②「社員コード」はテーブル「社員」の主キーとなる

●取得資格

社員コード	資格コード	資格名	取得年月日
160012	L010	英語検定	2015/04/05
160012	G030	Webデザイン検定	2015/09/28
160012	K020	簿記検定	2016/06/15
160028	L010	英語検定	2015/10/12
160030	G010	情報処理技術者	2015/11/20
160030	G030	Webデザイン検定	2016/07/10

④「社員コード」はテーブル「社員」に対する外部キーとなる

主キーと外部キー

リレーショナル・データベースでは、複数のテーブルを「主キー」と「外部キー」によって関連付けます。
主キーはレコードを特定するための項目のことで、項目内の値は必ず一意になります。なお、主キーは複数の項目を組み合わせて設定することもできます。
外部キーは、項目の値が、別の表の主キーに存在する値であるようにする項目のことです。
例えば、2つのテーブル「社員」「取得資格」の場合、2つのテーブルを「社員コード」で関連付けることにより、テーブル「取得資格」の「社員コード」の値をもとに、テーブル「社員」から該当する「社員名」を参照できます。このとき、テーブル「社員」の「社員コード」が主キー、テーブル「取得資格」の「社員コード」が外部キーになります。

278

2 第2正規化

主キーの一部によって決まる項目を別のテーブルに分割します。

●社員

社員コード	社員名	部署コード	部署名
160012	中村　雄一	100	総務部
160028	広川　さとみ	200	営業部
160030	遠藤　義文	300	情報システム部

●取得資格

社員コード	資格コード	資格名	取得年月日
160012	L010	英語検定	2015/04/05
160012	G030	Webデザイン検定	2015/09/28
160012	K020	簿記検定	2016/06/15
160028	L010	英語検定	2015/10/12
160030	G010	情報処理技術者	2015/11/20
160030	G030	Webデザイン検定	2016/07/10

①テーブル「社員」は、主キーの一部によって決まる項目がないので、別のテーブルに分割しない

②「社員コード」と「資格コード」によって「取得年月日」が決まり、主キーの一部である「資格コード」によって「資格名」が決まるので、別のテーブル「資格」に分割する

第2正規化

●社員

社員コード	社員名	部署コード	部署名
160012	中村　雄一	100	総務部
160028	広川　さとみ	200	営業部
160030	遠藤　義文	300	情報システム部

●取得資格

社員コード	資格コード	取得年月日
160012	L010	2015/04/05
160012	G030	2015/09/28
160012	K020	2016/06/15
160028	L010	2015/10/12
160030	G010	2015/11/20
160030	G030	2016/07/10

●資格

資格コード	資格名
L010	英語検定
K020	簿記検定
G010	情報処理技術者
G030	Webデザイン検定

③「資格コード」はテーブル「資格」の主キーとなる

④「資格コード」はテーブル「資格」に対する外部キーとなる

3 第3正規化

主キー以外の項目によって決まる項目を別のテーブルに分割します。

●社員

社員コード	社員名	部署コード	部署名
160012	中村　雄一	100	総務部
160028	広川　さとみ	200	営業部
160030	遠藤　義文	300	情報システム部

●取得資格

社員コード	資格コード	取得年月日
160012	L010	2015/04/05
160012	G030	2015/09/28
160012	K020	2016/06/15
160028	L010	2015/10/12
160030	G010	2015/11/20
160030	G030	2016/07/10

●資格

資格コード	資格名
L010	英語検定
K020	簿記検定
G010	情報処理技術者
G030	Webデザイン検定

①「社員コード」によって「社員名」と「部署コード」が決まり、「部署コード」によって「部署名」が決まるので、別のテーブル「部署」に分割する

②テーブル「取得資格」は、主キー以外の項目によって決まる項目がないので、別のテーブルに分割しない

③テーブル「資格」は、主キー以外の項目によって決まる項目がないので、別のテーブルに分割しない

第3正規化

●社員

社員コード	社員名	部署コード
160012	中村　雄一	100
160028	広川　さとみ	200
160030	遠藤　義文	300

●取得資格

社員コード	資格コード	取得年月日
160012	L010	2015/04/05
160012	G030	2015/09/28
160012	K020	2016/06/15
160028	L010	2015/10/12
160030	G010	2015/11/20
160030	G030	2016/07/10

●資格

資格コード	資格名
L010	英語検定
K020	簿記検定
G010	情報処理技術者
G030	Webデザイン検定

⑤「部署コード」はテーブル「部署」に対する外部キーとなる

●部署

部署コード	部署名
100	総務部
200	営業部
300	情報システム部

④「部署コード」はテーブル「部署」の主キーとなる

Index

索引

よくわかる

Index 索引

英字

accdb	15
Access	10
Access 2016のファイル形式	15
Accessの画面構成	19
Accessの起動	13
Accessの終了	29
Accessのスタート画面	14
AND条件	163
Between And 演算子	172
Between And 演算子の利用	172
Date関数	220
mdb	15
Microsoft Access ヘルプ	19
Officeにサインイン	14
OLEオブジェクト型	49,54
OR条件	164
PDFファイル	237
PDFファイルの作成	238
SQLビュー	94
Where条件	179
Where条件の設定	179
Yes/No型	49,54,162
Yes/No型フィールドの条件設定	162

あ

宛名ラベルの作成	215

い

移動 (コントロール)	137,201,202,211
移動ハンドル	210
印刷プレビュー	185
印刷 (レポート)	195
インポート	68
インポート (既存テーブル)	68
インポート (新規テーブル)	75

う

上書き保存	63

え

演算子の種類	174
演算フィールド	110,111
演算フィールドの作成	110

お

オートナンバー型	49,54,80
オブジェクト	21
オブジェクトウィンドウ	20,25
オブジェクト間のデータの流れ	81
オブジェクトの依存関係	235
オブジェクトの削除	57
オブジェクトの名前の変更	56
オブジェクトの保存	56
オブジェクトの役割	22
オブジェクトを閉じる	26
オブジェクトを開く	25

か

外部キー	84,278
拡大表示	189
拡張子	15
画面構成 (Access)	19
空のデスクトップデータベース	14
関連テーブル	84

き

《既定値》プロパティ	155
起動 (Access)	13
行セレクター	48

く

クイックアクセスツールバー	19
空白のフォーム	122
空白のレポート	191
クエリ	22,92
クエリウィザード	97
クエリデザイン	97
クエリの作成	95,104,107,176,220
クエリの作成方法	97
クエリの実行	100
クエリのビュー	94
クエリの保存	103
グループ	24
グループレベルの指定	200

け

検索	58,124
検索バー	24
検索ボックス	14

こ

降順	101
コントロール	124,193,210
コントロールの移動	137,201,202,211
コントロールのサイズ変更	131,137,202
コントロールの削除	136,201
コントロールの書式設定	139,149,194
コントロールのプロパティの設定	141,150

さ

最近使ったファイル	14
最小化	20
サイズハンドル	210
サイズ変更(コントロール)	131,137,202
最大化	20
サインアウト	14
サインイン	14
削除(オブジェクト)	57
削除(コントロール)	136,201
削除(フィールド)	99

削除(フィールドリスト)	89,96
作成(クエリ)	95,104,107,176,220
作成(テーブル)	46,67
作成(ナビゲーションフォーム)	233
作成(パラメータークエリ)	168,174,180
作成(フォーム)	118,132,145,157
作成(リレーションシップ)	85
作成(レポート)	187,196,206,215,221,226
サブデータシート	89
算術演算子	111
参照整合性	84

し

実行(クエリ)	100
シャッターバーを開く/閉じるボタン	24
集計(データ型)	49,54
集計行の集計方法	178
集計行の設定	177
終了(Access)	29
主キー	40,84,278
主キーの設定	55
縮小表示	189
十進型	54
主テーブル	84
《使用可能》プロパティ	143,144
《詳細》セクション	210
昇順	101
ショートカットキー一覧	275
書式設定(コントロール)	139,149,194
《書式》プロパティ	155
新規作成(データベース)	35
信頼できる場所の追加	18

す

垂直ルーラー	210
水平ルーラー	210
数値型	49,54
ズーム表示	173
スクロールバー	20
スタート画面	14
ステータスバー	20

せ

正規化	277,278
整数型	54
セキュリティの警告	18
セクション間のコントロールの移動	211
説明（オプション）	48
セル	58,98

そ

操作アシスト	20
挿入（添付ファイル）	60

た

第1正規化	278
第2正規化	279
第3正規化	279
タイトルの変更	193
タイトルバー	19
タブ	20,48,58,98
《タブストップ》プロパティ	155
単一条件の設定	160
単精度浮動小数点型	54
単票形式	121,190

ち

長整数型	54
帳票形式	121,190

つ

追加（フィールドリスト）	89,96
通貨型	49,54

て

データ型	48,49
データ型のサイズ	54
データシート	121
データシートビュー（クエリ）	94
データシートビュー（テーブル）	41,58
データの集計	176
データの正規化	277,278
データの入力	59,125,135,147,151
データベース	11
データベースオブジェクト	21,24
データベース構築の流れ	32
データベースソフトウェア	11
データベースの新規作成	35
データベースの設計	33,277
データベースを閉じる	28
データベースを開く	16
テーブル	22,40
テーブルデザイン	47
テーブルの作成	46,67
テーブルの作成方法	47
テーブルのビュー	41
テーブルの保存	56
テーブルを開く	64
テキストボックス	124,193,210
デザイングリッド	98
デザインビュー（クエリ）	94,98
デザインビュー（テーブル）	41,48
デザインビュー（フォーム）	117
デザインビュー（レポート）	185,210
伝票ウィザード	218
添付ファイル	49,54
添付ファイルの挿入	60
テンプレート	240
テンプレートの検索	243
テンプレートの種類	240

と

登録（フィールド）	99
閉じる	20
閉じる（オブジェクト）	26
閉じる（データベース）	28

な

長いテキスト	49,54
ナビゲーションウィンドウ	20,24
ナビゲーションフォーム	232
ナビゲーションフォームの作成	233
名前を付けて保存	63
並べ替え	101

に

二者択一の条件の設定	162

は

倍精度浮動小数点型	54
バイト型	54
ハイパーリンク型	49,54
はがきウィザード	218
パラメータークエリ	168
パラメータークエリの作成	168,174,180

ひ

比較演算子	170
比較演算子の種類	171
比較演算子の利用	170
日付/時刻型	49,54
ビュー切り替えボタン	20
ビューの切り替え	57,192,209
表形式	121,190
開く（オブジェクト）	25
開く（データベース）	16
開く（テーブル）	64

ふ

ファイル形式	15
ファイルの拡張子の表示	15
フィールド	40
フィールドサイズ	49
フィールドサイズの初期値	54
フィールドセレクター	98
フィールド選択ボタン	119
フィールドの入れ替え	102
フィールドの削除	99
フィールドの設定	49,79
フィールドの登録	99
フィールドプロパティ	48
フィールド名	48,49
フィールド名の付け方	50
フィールドリスト	86,98
フィールドリストの削除	89,96
フィールドリストの追加	89,96
フィルター	58,124
フォーム	23,116
フォームウィザード	123
フォームデザイン	122
フォームの作成	118,132,145,157
フォームの作成方法	122
フォームのビュー	117
フォームのレイアウト	121
フォームビュー	117,124
複合条件の設定	163,164
複数のアイテム	123,157
複数のテーブルの選択	85
プロパティシート	141
プロパティの設定	141,150
プロパティの変更	153
分割フォーム	123

へ

《ページフッター》セクション	210
《ページヘッダー》セクション	210
変更（オブジェクトの名前）	56
編集（リレーションシップ）	89
《編集ロック》プロパティ	142,144

ほ

他のファイルを開く	14
保存（オブジェクト）	56
保存（クエリ）	103
保存（テーブル）	56
保存（レコード）	62,127

ま

マクロ	23

み

短いテキスト	49,54

め

メニュー	24

も

モジュール	23
元に戻す（縮小）	20

ゆ

ユーザー定義ラベル	215

よ

用紙サイズの設定	195

ら

ラベル	124,193,210

り

リボン	19
リレーショナル・データベース	12
リレーショナル・データベースソフトウェア	12
リレーションシップ	84
リレーションシップの作成	85
リレーションシップの編集	89
リレーションテーブル	84

る

ルックアップウィザード	49

れ

レイアウトビュー（フォーム）	117
レイアウトビュー（レポート）	185,193
レコード	40
レコード移動ボタン	58,124
レコードセレクター	58,124
レコードセレクターの表示	60,127
レコードの抽出	160
レコードの入力	59
レコードの保存	62,127
列の固定	73
列幅の調整	63,73
列見出し	58
レプリケーションID型	54
レポート	23,184
レポートウィザード	191
レポートセレクター	210
レポートデザイン	191
レポートの印刷	195
レポートの印刷形式	190
レポートの作成	187,196,206,215,221,226
レポートの作成方法	191
レポートのビュー	185
レポートビュー	185
《レポートフッター》セクション	210
《レポートヘッダー》セクション	210

わ

ワイルドカード	166
ワイルドカードの種類	167
ワイルドカードの利用	166

よくわかる
Microsoft® Access® 2016 基礎
（FPT1602）

2016年5月1日　初版発行
2017年12月14日　第2版第3刷発行

著作／制作：富士通エフ・オー・エム株式会社

発行者：大森　康文

発行所：FOM出版（富士通エフ・オー・エム株式会社）
　　　　〒105-6891　東京都港区海岸1-16-1 ニューピア竹芝サウスタワー
　　　　http://www.fujitsu.com/jp/fom/

印刷／製本：株式会社サンヨー

表紙デザインシステム：株式会社アイロン・ママ

■本書は、構成・文章・プログラム・画像・データなどのすべてにおいて、著作権法上の保護を受けています。
　本書の一部あるいは全部について、いかなる方法においても複写・複製など、著作権法上で規定された権利を侵害する
　行為を行うことは禁じられています。
■本書に関するご質問は、ホームページまたは郵便にてお寄せください。
　＜ホームページ＞
　上記ホームページ内の「FOM出版」から「QAサポート」にアクセスし、「QAフォームのご案内」から所定のフォームを
　選択して、必要事項をご記入の上、送信してください。
　＜郵便＞
　次の内容を明記の上、上記発行所の「FOM出版 デジタルコンテンツ開発部」まで郵送してください。
　・テキスト名　　　・該当ページ　　　・質問内容（できるだけ操作状況を詳しくお書きください）
　・ご住所、お名前、電話番号
　※ご住所、お名前、電話番号など、お知らせいただきました個人に関する情報は、お客様ご自身とのやり取りのみに
　　使用させていただきます。ほかの目的のために使用することは一切ございません。
　なお、次の点に関しては、あらかじめご了承ください。
　・ご質問の内容によっては、回答に日数を要する場合があります。
　・本書の範囲を超えるご質問にはお答えできません。　・電話やFAXによるご質問には一切応じておりません。
■本製品に起因してご使用者に直接または間接的損害が生じても、富士通エフ・オー・エム株式会社はいかなる責任も
　負わないものとし、一切の賠償などは行わないものとします。
■本書に記載された内容などは、予告なく変更される場合があります。
■落丁・乱丁はお取り替えいたします。

© FUJITSU FOM LIMITED 2016-2017
Printed in Japan

※この広告は2017年11月現在のものです。予告なく変更することがありますので、ご了承ください。

よくわかる

パソコンの代表的なソフトをわかりやすく解説したテキストです。
講習会や授業での教材、自己学習書として最適です！

Microsoft® Excel® 2016 基礎
定価：2,000円（税抜）
型番：FPT1526
ISBN978-4-86510-275-8

クラウドグランドデザイン
定価：1,500円（税抜）
型番：FPT1619
ISBN978-4-86510-319-9

Makeblock公式 mBotで楽しむ レッツ！ロボットプログラミング
定価：1,800円（税抜）
型番：FPT1628
ISBN978-4-86510-316-8

分類	テキスト名	定価	型番	ISBN	判型	添付物
OS	初心者のためのパソコン入門 Windows® 10 対応	1,000円（税抜）	FPT1533	978-4-86510-280-2	A4変型	●キーボード配列図
Microsoft Office操作系	Microsoft® Excel® 2016 応用	2,000円（税抜）	FPT1527	978-4-86510-276-5	A4変型	
	Microsoft® Word 2016 基礎	2,000円（税抜）	FPT1528	978-4-86510-277-2	A4変型	
	Microsoft® Word 2016 応用	2,000円（税抜）	FPT1529	978-4-86510-278-9	A4変型	
	Microsoft® PowerPoint® 2016 基礎	2,000円（税抜）	FPT1534	978-4-86510-279-6	A4変型	
	Microsoft® PowerPoint® 2016 応用	2,000円（税抜）	FPT1601	978-4-86510-292-5	A4変型	
	Microsoft® Access® 2016 基礎	2,000円（税抜）	FPT1602	978-4-86510-293-2	A4変型	
	Microsoft® Access® 2016 応用	2,000円（税抜）	FPT1603	978-4-86510-296-3	A4変型	
	Microsoft® Excel® 2016 マクロ/VBA	2,600円（税抜）	FPT1609	978-4-86510-301-4	A4変型	
	Microsoft® Excel® 2016 VBAプログラミング実践	2,400円（税抜）	FPT1704	978-4-86510-331-1	A4変型	
	Microsoft® Excel® 2016/2013 ビジネス活用編 関数テクニック	2,300円（税抜）	FPT1612	978-4-86510-300-7	A4変型	
	仕事に使える Microsoft® Excel® 関数ブック 2016/2013/2010/2007 対応	1,200円（税抜）	FPT1614	978-4-86510-306-9	B6	
	Microsoft® Word 2016 & Microsoft® Excel® 2016 スキルアップ問題集 操作マスター編	1,200円（税抜）	FPT1624	978-4-86510-313-7	A4変型	
	Microsoft® Word 2016 & Microsoft® Excel® 2016 スキルアップ問題集 ビジネス実践編	1,700円（税抜）	FPT1625	978-4-86510-314-4	A4変型	
学校向け教材	情報リテラシー Windows® 10/Office 2016 対応	2,000円（税抜）	FKT1510	978-4-86510-244-4	B5	
	情報モラル&情報セキュリティ ＜改訂版＞	500円（税抜）	FKT1514	978-4-86510-274-1	B5	
ホームページ	よくわかる HTML5 & CSS3の解説書	2,800円（税抜）	FKT1402	978-4-86510-180-5	B5変型	
ビジネススキル	内定を勝ち取る10のステップ ＜改訂版＞	1,200円（税抜）	FPT1415	978-4-86510-155-3	A5	
	ビジネスコミュニケーションスキルを磨く 10のステップ ＜改訂版＞	1,200円（税抜）	FPT1416	978-4-86510-156-0	A5	
セキュリティ	どうなる どうする 現場に学ぶ情報セキュリティ ＜改訂版＞	700円（税抜）	FPT1505	978-4-86510-228-4	新書	

※この広告は2017年11月現在のものです。予告なく変更することがありますので、ご了承ください。

よくわかるマスター

各種資格取得を目的としたテキストです。出題ガイドライン・カリキュラムに準拠している「受験者必携本」です。

Microsoft Office Specialist Microsoft Excel 2016 Expert 対策テキスト&問題集 ●自動採点付き模擬試験CD-ROM 定価：3,000円（税抜） 型番：FPT1701 ISBN978-4-86510-324-3	**ITパスポート試験 対策テキスト&過去問題集 平成28-29年度版** ●自動採点付き過去問題プログラムCD-ROM 定価：2,200円（税抜） 型番：FPT1504 ISBN978-4-86510-239-0	**基本情報技術者試験 対策テキスト 平成29-30年度版** 定価：2,200円（税抜） 型番：FPT1615 ISBN978-4-86510-307-6

	テキスト名	定価	型番	ISBN	判型	添付物
MOS	Microsoft Office Specialist Microsoft Word 2016 Expert 対策テキスト&問題集	3,000円（税抜）	FPT1702	978-4-86510-325-0	A4変型	●自動採点付き模擬試験CD-ROM
	Microsoft Office Specialist Microsoft Excel 2013 対策テキスト&問題集 <改訂版>	2,000円（税抜）	FPT1501	978-4-86510-224-6	A4変型	●自動採点付き模擬試験CD-ROM
	Microsoft Office Specialist Microsoft Excel 2013 Expert Part1 対策テキスト&問題集	2,200円（税抜）	FPT1405	978-4-86510-185-0	A4変型	●自動採点付き模擬試験CD-ROM
	Microsoft Office Specialist Microsoft Excel 2013 Expert Part2 対策テキスト&問題集	2,200円（税抜）	FPT1413	978-4-86510-199-7	A4変型	●自動採点付き模擬試験CD-ROM
	Microsoft Office Specialist Microsoft Word 2013 対策テキスト&問題集 <改訂版>	2,000円（税抜）	FPT1502	978-4-86510-225-3	A4変型	●自動採点付き模擬試験CD-ROM
	Microsoft Office Specialist Microsoft Word 2013 Expert Part1 対策テキスト&問題集	2,200円（税抜）	FPT1406	978-4-86510-186-7	A4変型	●自動採点付き模擬試験CD-ROM
	Microsoft Office Specialist Microsoft Word 2013 Expert Part2 対策テキスト&問題集	2,200円（税抜）	FPT1414	978-4-86510-200-0	A4変型	●自動採点付き模擬試験CD-ROM
	Microsoft Office Specialist Microsoft PowerPoint 2013 対策テキスト&問題集 <改訂版>	2,200円（税抜）	FPT1421	978-4-86510-226-0	A4変型	●自動採点付き模擬試験CD-ROM
	Microsoft Office Specialist Microsoft Access 2013 対策テキスト&問題集 <改訂版>	2,800円（税抜）	FPT1422	978-4-86510-227-7	A4変型	●自動採点付き模擬試験CD-ROM
情報処理試験	ITパスポート試験 直前対策 1週間完全プログラム シラバスVer3.0準拠	1,200円（税抜）	FPT1523	978-4-86510-267-3	新書	
	ITパスポート試験 書いて覚える 学習ドリル シラバスVer3.0準拠	1,000円（税抜）	FPT1524	978-4-86510-268-0	B5変型	
	基本情報技術者試験 直前対策 2週間完全プログラム シラバスVer4.0準拠	1,500円（税抜）	FPT1623	978-4-86510-309-0	新書	
Webクリエイター	Webクリエイター能力認定試験 HTML5対応 スタンダード 公式テキスト	2,500円（税抜）	FPT1417	978-4-86510-191-1	B5変型	
日商PC検定	日商PC検定試験 文書作成 3級 公式テキスト&問題集 ●Microsoft Word 2013 対応	2,800円（税抜）	FPT1509	978-4-86510-233-8	B5	
	日商PC検定試験 データ活用 3級 公式テキスト&問題集 ●Microsoft Excel 2013 対応	2,800円（税抜）	FPT1510	978-4-86510-234-5	B5	
	日商PC検定試験 文書作成・データ活用・プレゼン資料作成 3級 知識科目 公式問題集	1,200円（税抜）	FPT1530	978-4-86510-271-0	B5	
コン検	コンタクトセンター スーパーバイザー 完全マニュアル コンタクトセンター検定試験 公式テキスト スーパーバイザー資格 CMBOK2.0準拠 試験範囲完全対応	4,000円（税抜）	FKT1406	978-4-86510-157-7	B5	

『MOS 2016 特設サイト』開設!! MOS 2016の試験概要や出題範囲の分析、対策教材のご紹介など、受験者必見の内容をご紹介！

URL▶http://www.fom.fujitsu.com/goods/lp/mos2016/　FOM MOS2016 検索

緑色の用紙の内側に、小冊子が添付されています。
この用紙を 1 枚めくっていただき、小冊子の根元を持って、
ゆっくりとはずしてください。

よくわかる

Microsoft® Access® 2016 基礎

解答

総合問題1　解答 ………………………………………………… 1
総合問題2　解答 ………………………………………………… 6

総合問題1 解答

1 テーブルの作成

①

①《作成》タブを選択

②《テーブル》グループの [テーブルデザイン] (テーブルデザイン) をクリック

③1行目の《フィールド名》に「番号」と入力

④ [Tab] または [Enter] を押す

⑤《データ型》の [∨] をクリックし、一覧から《オートナンバー型》を選択

⑥同様に、その他のフィールドを設定

⑦「部署コード」フィールドの行セレクターをクリック

⑧《フィールドプロパティ》の《標準》タブを選択

⑨《フィールドサイズ》プロパティに「3」と入力

⑩同様に、「項目コード」フィールドのフィールドサイズを設定

⑪「番号」フィールドの行セレクターをクリック

⑫《デザイン》タブを選択

⑬《ツール》グループの [主キー] (主キー) をクリック

②

① [F12] を押す

②《'テーブル1'の保存先》に「T経費使用状況」と入力

③《OK》をクリック

③

①《外部データ》タブを選択

②《インポートとリンク》グループの [Excel] (Excelスプレッドシートのインポート) をクリック

③《ファイル名》の《参照》をクリック

④左側の一覧から《ドキュメント》を選択

⑤右側の一覧から「Access2016基礎」を選択

⑥《開く》をクリック

⑦一覧から「支出状況.xlsx」を選択

⑧《開く》をクリック

⑨《レコードのコピーを次のテーブルに追加する》を ● にする

⑩ [∨] をクリックし、一覧から「T経費使用状況」を選択

⑪《OK》をクリック

⑫《次へ》をクリック

⑬《インポート先のテーブル》が「T経費使用状況」になっていることを確認

⑭《完了》をクリック

⑮《閉じる》をクリック

④

①《データベースツール》タブを選択

②《リレーションシップ》グループの [リレーションシップ] (リレーションシップ) をクリック

③《テーブル》タブを選択

④一覧から「T経費使用状況」を選択

⑤ [Shift] を押しながら、「T部署リスト」を選択

⑥《追加》をクリック

⑦《閉じる》をクリック

※フィールドリストのサイズと配置を調整しておきましょう。

⑧「T部署リスト」の「部署コード」を「T経費使用状況」の「部署コード」までドラッグ

※ドラッグ元のフィールドとドラッグ先のフィールドは入れ替わってもかまいません。

⑨《参照整合性》を [✓] にする

⑩《作成》をクリック

⑪同様に、その他のリレーションシップを作成

2 クエリの作成

⑤

①《作成》タブを選択

②《クエリ》グループの [クエリデザイン] (クエリデザイン) をクリック

③《テーブル》タブを選択

④一覧から「T費用項目リスト」を選択

⑤ [Shift] を押しながら、「T費用分類リスト」を選択

⑥《追加》をクリック

⑦《閉じる》をクリック

⑧「T費用項目リスト」フィールドリストの「項目コード」をダブルクリック

⑨同様に、その他のフィールドをデザイングリッドに登録

1

⑥

①　F12　を押す

②《'クエリ1'の保存先》に「Q費用項目リスト」と入力

③《OK》をクリック

⑦

①《作成》タブを選択

②《クエリ》グループの　　　（クエリデザイン）をクリック

③《テーブル》タブを選択

④一覧から「T経費使用状況」を選択

⑤　Shift　を押しながら、「T部署リスト」を選択

⑥《追加》をクリック

⑦《閉じる》をクリック

※フィールドリストのサイズと配置を調整しておきましょう。

⑧「T経費使用状況」フィールドリストの「番号」をダブルクリック

⑨同様に、その他のフィールドをデザイングリッドに登録

⑧

①「番号」フィールドの《並べ替え》セルをクリック

②　　をクリックし、一覧から《昇順》を選択

⑨

①　F12　を押す

②《'クエリ1'の保存先》に「Q経費使用状況」と入力

③《OK》をクリック

⑩

①ナビゲーションウィンドウのクエリ「Q経費使用状況」を右クリック

②《デザインビュー》をクリック

③「処理済」フィールドの《抽出条件》セルに「No」と入力

⑪

①　F12　を押す

②《'Q経費使用状況'の保存先》に「Q経費使用状況（未処理分）」と入力

③《OK》をクリック

⑫

①ナビゲーションウィンドウのクエリ「Q経費使用状況」を右クリック

②《デザインビュー》をクリック

③「備考」フィールドのフィールドセレクターをクリック

④《デザイン》タブを選択

⑤《クエリ設定》グループの　　列の挿入　（列の挿入）をクリック

⑥挿入した列の《フィールド》セルに「税込金額：[金額]＊1.08」と入力

※数字と記号は半角で入力します。入力の際、[ ]は省略できます。

※列幅を調整して、計算式を確認しましょう。

⑬

①　F12　を押す

②《'Q経費使用状況'の保存先》に「Q経費使用状況（税込金額）」と入力

③《OK》をクリック

⑭

①ナビゲーションウィンドウのクエリ「Q経費使用状況」を右クリック

②《デザインビュー》をクリック

③「部署コード」フィールドの《抽出条件》セルに「[部署コードを入力]」と入力

※[ ]は半角で入力します。

⑮

①　F12　を押す

②《'Q経費使用状況'の保存先》に「Q経費使用状況（部署指定）」と入力

③《OK》をクリック

⑯

①ナビゲーションウィンドウのクエリ「Q経費使用状況」を右クリック

②《デザインビュー》をクリック

③「入力日」フィールドの《抽出条件》セルに「Between␣[期間開始日を入力]␣And␣[期間終了日を入力]」と入力

※英字と記号は半角で入力します。

※␣は半角空白を表します。

※列幅を調整して、条件を確認しましょう。

総合1

総合2

2

⑰

① [F12]を押す

②《'Q経費使用状況'の保存先》に「Q経費使用状況（期間指定）」と入力

③《OK》をクリック

⑱

①《作成》タブを選択

②《クエリ》グループの （クエリデザイン）をクリック

③《クエリ》タブを選択

④一覧から「Q経費使用状況」を選択

⑤《追加》をクリック

⑥《閉じる》をクリック

※フィールドリストのサイズを調整しておきましょう。

⑦「Q経費使用状況」フィールドリストの「項目コード」をダブルクリック

⑧同様に、その他のフィールドをデザイングリッドに登録

⑲

①《デザイン》タブを選択

②《表示/非表示》グループの $\sum_{\text{集計}}$ （クエリ結果で列の集計を表示/非表示にする）をクリック

③「項目コード」フィールドの《集計》セルが《グループ化》になっていることを確認

④「金額」フィールドの《集計》セルをクリック

⑤ ▼ をクリックし、一覧から《合計》を選択

⑳

① [F12]を押す

②《'クエリ1'の保存先》に「Q費用項目別集計」と入力

③《OK》をクリック

㉑

①《作成》タブを選択

②《クエリ》グループの （クエリデザイン）をクリック

③《クエリ》タブを選択

④一覧から「Q経費使用状況」を選択

⑤《追加》をクリック

⑥《閉じる》をクリック

※フィールドリストのサイズを調整しておきましょう。

⑦「Q経費使用状況」フィールドリストの「費用コード」をダブルクリック

⑧同様に、その他のフィールドをデザイングリッドに登録

㉒

①《デザイン》タブを選択

②《表示/非表示》グループの $\sum_{\text{集計}}$ （クエリ結果で列の集計を表示/非表示にする）をクリック

③「費用コード」フィールドの《集計》セルが《グループ化》になっていることを確認

④「金額」フィールドの《集計》セルをクリック

⑤ ▼ をクリックし、一覧から《合計》を選択

㉓

①「Q経費使用状況」フィールドリストの「入力日」をダブルクリック

②「入力日」フィールドの《集計》セルをクリック

③ ▼ をクリックし、一覧から《Where条件》を選択

④「入力日」フィールドの《抽出条件》セルに「Between␣[期間開始日を入力]␣And␣[期間終了日を入力]」と入力

※英字と記号は半角で入力します。

※␣は半角空白を表します。

※列幅を調整して、条件を確認しましょう。

㉔

① [F12]を押す

②《'クエリ1'の保存先》に「Q費用分類別集計（期間指定）」と入力

③《OK》をクリック

3 フォームの作成

㉕

①《作成》タブを選択

②《フォーム》グループの [フォーム ウィザード] （フォームウィザード）をクリック

③《テーブル/クエリ》の [∨] をクリックし、一覧から「クエリ：Q経費使用状況」を選択

④ [>>] をクリック

⑤《次へ》をクリック

⑥《次へ》をクリック

⑦《単票形式》を ⦿ にする

⑧《次へ》をクリック

⑨《フォーム名を指定してください。》に「F経費入力」と入力

⑩《完了》をクリック

㉖

①《ホーム》タブを選択

②《表示》グループの [▤] （表示）をクリック
※《フィールドリスト》が表示された場合は、[✕] （閉じる）をクリックして閉じておきましょう。

③「入力日」テキストボックスを選択

④テキストボックスの右端をポイントし、マウスポインターの形が ↔ に変わったら右方向にドラッグ

㉗

①「番号」テキストボックスを選択

②[Shift] を押しながら、「部署名」「項目名」「費用コード」「費用名」の各テキストボックスを選択

③《デザイン》タブを選択

④《ツール》グループの [プロパティシート] （プロパティシート）をクリック

⑤《データ》タブを選択

⑥《使用可能》プロパティをクリック

⑦ [∨] をクリックし、一覧から《いいえ》を選択

⑧《編集ロック》プロパティをクリック

⑨ [∨] をクリックし、一覧から《はい》を選択

⑩《プロパティシート》の [✕] （閉じる）をクリック

㉘

①《デザイン》タブを選択
※《ホーム》タブでもかまいません。

②《表示》グループの [▤] （表示）をクリック

③ [▶※] （新しい（空の）レコード）をクリック

④「入力日」に「2016/06/28」と入力

⑤同様に、その他のデータを入力

4 レポートの作成

㉙

①《作成》タブを選択

②《レポート》グループの [▨] （レポートウィザード）をクリック

③《テーブル/クエリ》の [∨] をクリックし、一覧から「クエリ：Q経費使用状況」を選択

④ [>>] をクリック

⑤《選択したフィールド》の一覧から「備考」を選択

⑥ [<] をクリック

⑦同様に、「処理済」の選択を解除

⑧《次へ》をクリック

⑨《次へ》をクリック

⑩《次へ》をクリック

⑪《次へ》をクリック

⑫《レイアウト》の《表形式》を ⦿ にする

⑬《印刷の向き》の《横》を ⦿ にする

⑭《次へ》をクリック

⑮《レポート名を指定してください。》に「R経費使用状況」と入力

⑯《完了》をクリック

㉚

①ステータスバーの [▤] （レイアウトビュー）をクリック

②「R経費使用状況」ラベルを2回クリックし、「R」を削除

総合1

総合2

4

㉛

①《作成》タブを選択

②《レポート》グループの ▣ (レポートウィザード) をクリック

③《テーブル/クエリ》の ∨ をクリックし、一覧から「**クエリ: Q経費使用状況(部署指定)**」を選択

④《選択可能なフィールド》の一覧から「**入力日**」を選択

⑤ ＞ をクリック

⑥同様に、その他のフィールドを選択

⑦《次へ》をクリック

⑧《次へ》をクリック

⑨《次へ》をクリック

⑩《1》の ∨ をクリックし、一覧から「**入力日**」を選択

⑪ 昇順 になっていることを確認

⑫《次へ》をクリック

⑬《レイアウト》の《表形式》を ⦿ にする

⑭《印刷の向き》の《縦》を ⦿ にする

⑮《次へ》をクリック

⑯《レポート名を指定してください。》に「**R経費使用状況(部署指定)**」と入力

⑰《完了》をクリック

㉜

①ステータスバーの ▦ (レイアウトビュー) をクリック

②「R経費使用状況(部署指定)」ラベルを2回クリックし、「R」と「(部署指定)」を削除

㉝

①《デザイン》タブを選択

※《ホーム》タブでもかまいません。

②《表示》グループの ▭ (表示) の 表示 をクリック

③《デザインビュー》をクリック

④《ページヘッダー》セクションの「**部署コード**」ラベルを選択

⑤枠線をポイントし、マウスポインターの形が ⬌ に変わったら《レポートヘッダー》セクションまでドラッグ

⑥同様に、その他のコントロールを移動

総合問題2 解答

1 テーブルの作成

①

①《ファイル》タブを選択

②《新規》をクリック

③《空のデスクトップデータベース》をクリック

④《ファイル名》の 🖿 (データベースの保存場所を指定します)をクリック

⑤左側の一覧から《ドキュメント》を選択

⑥右側の一覧から「Access2016基礎」を選択

⑦《開く》をクリック

⑧《ファイル名》に「総合問題2.accdb」と入力

※「.accdb」は省略できます。

⑨《OK》をクリック

⑩《作成》をクリック

②

①《作成》タブを選択

②《テーブル》グループの 🖳 (テーブルデザイン)をクリック

③1行目のフィールド名に「分類コード」と入力

④[Tab]または[Enter]を押す

⑤《データ型》の ⌄ をクリックし、一覧から《短いテキスト》を選択

⑥同様に、「分類名」フィールドを設定

⑦「分類コード」フィールドの行セレクターをクリック

⑧《フィールドプロパティ》の《標準》タブを選択

⑨《フィールドサイズ》プロパティに「4」と入力

⑩同様に、「分類名」フィールドのフィールドサイズを設定

⑪「分類コード」フィールドの行セレクターをクリック

⑫《デザイン》タブを選択

⑬《ツール》グループの 🗝 (主キー)をクリック

③

①[F12]を押す

②《'テーブル1'の保存先》に「T分類リスト」と入力

③《OK》をクリック

④

①《デザイン》タブを選択

※《ホーム》タブでもかまいません。

②《表示》グループの 🖽 (表示)をクリック

③「分類コード」に「A001」と入力

※半角で入力します。

④[Tab]または[Enter]を押す

⑤「分類名」に「商品券」と入力

⑥[Tab]または[Enter]を押す

⑦同様に、その他のレコードを入力

⑤

①《作成》タブを選択

②《テーブル》グループの 🖳 (テーブルデザイン)をクリック

③1行目の《フィールド名》に「商品コード」と入力

④[Tab]または[Enter]を押す

⑤《データ型》の ⌄ をクリックし、一覧から《短いテキスト》を選択

⑥同様に、その他のフィールドを設定

⑦「商品コード」フィールドの行セレクターをクリック

⑧《フィールドプロパティ》の《標準》タブを選択

⑨《フィールドサイズ》プロパティに「4」と入力

⑩同様に、その他のフィールドのフィールドサイズを設定

⑪「商品コード」フィールドの行セレクターをクリック

⑫《デザイン》タブを選択

⑬《ツール》グループの 🗝 (主キー)をクリック

⑥

①[F12]を押す

②《'テーブル1'の保存先》に「T商品リスト」と入力

③《OK》をクリック

⑦

①《外部データ》タブを選択

②《インポートとリンク》グループの 🅇 (Excelスプレッドシートのインポート)をクリック

③《ファイル名》の《参照》をクリック

④左側の一覧から《ドキュメント》を選択
⑤右側の一覧から「Access2016基礎」を選択
⑥《開く》をクリック
⑦一覧から「商品リスト.xlsx」を選択
⑧《開く》をクリック
⑨《レコードのコピーを次のテーブルに追加する》を◉にする
⑩ ∨ をクリックし、一覧から「T商品リスト」を選択
⑪《OK》をクリック
⑫《次へ》をクリック
⑬《インポート先のテーブル》が「T商品リスト」になっていることを確認
⑭《完了》をクリック
⑮《閉じる》をクリック

⑧
①《外部データ》タブを選択
②《インポートとリンク》グループの (Excelスプレッドシートのインポート)をクリック
③《ファイル名》の《参照》をクリック
④左側の一覧から《ドキュメント》を選択
⑤右側の一覧から「Access2016基礎」を選択
⑥《開く》をクリック
⑦一覧から「顧客リスト.xlsx」を選択
⑧《開く》をクリック
⑨《現在のデータベースの新しいテーブルにソースデータをインポートする》を◉にする
⑩《OK》をクリック
⑪《先頭行をフィールド名として使う》を☑にする
⑫《次へ》をクリック
⑬《次へ》をクリック
⑭《次のフィールドに主キーを設定する》を◉にする
⑮ ∨ をクリックし、一覧から「顧客コード」を選択
⑯《次へ》をクリック
⑰《インポート先のテーブル》に「T顧客リスト」と入力
⑱《完了》をクリック
⑲《閉じる》をクリック

⑨
①ナビゲーションウィンドウのテーブル「T顧客リスト」を右クリック
②《デザインビュー》をクリック

③「顧客コード」フィールドの行セレクターに (キーインジケーター)が表示されていることを確認
④「顧客コード」フィールドの行セレクターをクリック
⑤《フィールドプロパティ》の《標準》タブを選択
⑥《フィールドサイズ》プロパティに「5」と入力
⑦同様に、その他のフィールドのフィールドサイズを設定
⑧「DM」フィールドの《データ型》の ∨ をクリックし、一覧から《Yes/No型》を選択

⑩
①《作成》タブを選択
②《テーブル》グループの (テーブルデザイン)をクリック
③1行目の《フィールド名》に「受注番号」と入力
④ Tab または Enter を押す
⑤《データ型》の ∨ をクリックし、一覧から《オートナンバー型》を選択
⑥同様に、その他のフィールドを設定
⑦「顧客コード」フィールドの行セレクターをクリック
⑧《フィールドプロパティ》の《標準》タブを選択
⑨《フィールドサイズ》プロパティに「5」と入力
⑩同様に、その他のフィールドのフィールドサイズを設定
⑪「受注番号」フィールドの行セレクターをクリック
⑫《デザイン》タブを選択
⑬《ツール》グループの (主キー)をクリック

⑪
① F12 を押す
②《'テーブル1'の保存先》に「T受注リスト」と入力
③《OK》をクリック

⑫
①《外部データ》タブを選択
②《インポートとリンク》グループの (Excelスプレッドシートのインポート)をクリック
③《ファイル名》の《参照》をクリック
④左側の一覧から《ドキュメント》を選択
⑤右側の一覧から「Access2016基礎」を選択
⑥《開く》をクリック
⑦一覧から「受注リスト.xlsx」を選択
⑧《開く》をクリック
⑨《レコードのコピーを次のテーブルに追加する》を◉にする

⑩ ☑ をクリックし、一覧から「**T受注リスト**」を選択

⑪《**OK**》をクリック

⑫《**次へ**》をクリック

⑬《**インポート先のテーブル**》が「**T受注リスト**」になっていることを確認

⑭《**完了**》をクリック

⑮《**閉じる**》をクリック

⑬

①《**データベースツール**》タブを選択

②《**リレーションシップ**》グループの 🔲 (リレーションシップ) をクリック

③《**テーブル**》タブを選択

④一覧から「**T顧客リスト**」を選択

⑤ [Shift] を押しながら、「**T分類リスト**」を選択

⑥《**追加**》をクリック

⑦《**閉じる**》をクリック

※フィールドリストのサイズを調整しておきましょう。

⑧「**T顧客リスト**」の「**顧客コード**」を「**T受注リスト**」の「**顧客コード**」までドラッグ

※ドラッグ元のフィールドとドラッグ先のフィールドは入れ替わってもかまいません。

⑨《**参照整合性**》を ☑ にする

⑩《**作成**》をクリック

⑪同様に、その他のリレーションシップを作成

2 クエリの作成

⑭

①《**作成**》タブを選択

②《**クエリ**》グループの 🔲 (クエリデザイン) をクリック

③《**テーブル**》タブを選択

④一覧から「**T商品リスト**」を選択

⑤ [Shift] を押しながら、「**T分類リスト**」を選択

⑥《**追加**》をクリック

⑦《**閉じる**》をクリック

⑧「**T商品リスト**」フィールドリストの「**商品コード**」をダブルクリック

⑨同様に、その他のフィールドをデザイングリッドに登録

⑮

①「**商品コード**」フィールドの《**並べ替え**》セルをクリック

② ☑ をクリックし、一覧から《**昇順**》を選択

⑯

①[F12] を押す

②《'**クエリ1**'の保存先》に「**Q商品リスト**」と入力

③《**OK**》をクリック

⑰

①《**作成**》タブを選択

②《**クエリ**》グループの 🔲 (クエリデザイン) をクリック

③《**テーブル**》タブを選択

④一覧から「**T顧客リスト**」を選択

⑤ [Shift] を押しながら、「**T分類リスト**」を選択

⑥《**追加**》をクリック

⑦《**閉じる**》をクリック

※フィールドリストのサイズを調整しておきましょう。

⑧「**T受注リスト**」フィールドリストの「**受注番号**」をダブルクリック

⑨同様に、その他のフィールドをデザイングリッドに登録

⑱

①「**受注番号**」フィールドの《**並べ替え**》セルをクリック

② ☑ をクリックし、一覧から《**昇順**》を選択

⑲

①「**数量**」フィールドの右の《**フィールド**》セルに「**金額：[価格]＊[数量]**」と入力

※記号は半角で入力します。入力の際、[ ]は省略できます。

⑳

①[F12] を押す

②《'**クエリ1**'の保存先》に「**Q受注リスト**」と入力

③《**OK**》をクリック

㉑

①ナビゲーションウィンドウのクエリ「**Q受注リスト**」を右クリック

②《**デザインビュー**》をクリック

③「**分類コード**」フィールドの《**抽出条件**》セルに「**"A001"**」と入力

※半角で入力します。入力の際、「"」は省略できます。

8

④「数量」フィールドの《抽出条件》セルに「>=30」と入力
※半角で入力します。

⑤「分類コード」フィールドの《または》セルに「"A002"」と入力
※半角で入力します。入力の際、「"」は省略できます。

⑥「数量」フィールドの《または》セルに「>=30」と入力
※半角で入力します。

㉒

①[F12]を押す
②《'Q受注リスト'の保存先》に「Q大口受注（A001またはA002）」と入力
③《OK》をクリック

㉓

①《作成》タブを選択
②《クエリ》グループの （クエリデザイン）をクリック
③《テーブル》タブを選択
④一覧から「T顧客リスト」を選択
⑤《追加》をクリック
⑥《閉じる》をクリック
※フィールドリストのサイズを調整しておきましょう。
⑦フィールドリストの「顧客コード」をダブルクリック
⑧同様に、その他のフィールドをデザイングリッドに登録
⑨「住所」フィールドの《抽出条件》セルに「Like␣"神奈川県*"」と入力
※英字と記号は半角で入力します。入力の際、「Like」と「"」は省略できます。
※␣は半角空白を表します。

㉔

①[F12]を押す
②《'クエリ1'の保存先》に「Q顧客リスト（神奈川県）」と入力
③《OK》をクリック

㉕

①ナビゲーションウィンドウのクエリ「Q受注リスト」を右クリック
②《デザインビュー》をクリック
③「受注日」フィールドの《抽出条件》セルに「Between␣[期間開始日を入力]␣And␣[期間終了日を入力]」と入力
※英字と記号は半角で入力します。
※␣は半角空白を表します。
※列幅を調整して、条件を確認しましょう。

㉖

①[F12]を押す
②《'Q受注リスト'の保存先》に「Q受注リスト（期間指定）」と入力
③《OK》をクリック

㉗

①《作成》タブを選択
②《クエリ》グループの （クエリデザイン）をクリック
③《クエリ》タブを選択
④一覧から「Q受注リスト」を選択
⑤《追加》をクリック
⑥《閉じる》をクリック
※フィールドリストのサイズを調整しておきましょう。
⑦「Q受注リスト」フィールドリストの「分類コード」をダブルクリック
⑧同様に、その他のフィールドをデザイングリッドに登録

㉘

①《デザイン》タブを選択
②《表示/非表示》グループの （クエリ結果で列の集計を表示/非表示にする）をクリック
③「分類コード」フィールドの《集計》セルが《グループ化》になっていることを確認
④「金額」フィールドの《集計》セルをクリック
⑤ をクリックし、一覧から《合計》を選択

㉙

①「Q受注リスト」フィールドリストの「受注日」をダブルクリック
②「受注日」フィールドの《集計》セルをクリック
③ をクリックし、一覧から《Where条件》を選択
④「受注日」フィールドの《抽出条件》セルに「Between␣[期間開始日を入力]␣And␣[期間終了日を入力]」と入力
※英字と記号は半角で入力します。
※␣は半角空白を表します。
※列幅を調整して、条件を確認しましょう。

㉚

①[F12]を押す
②《'クエリ1'の保存先》に「Q分類別集計（期間指定）」と入力
③《OK》をクリック

3 フォームの作成

㉛
①《作成》タブを選択

②《フォーム》グループの ┃フォーム ウィザード┃(フォームウィザード)をクリック

③《テーブル/クエリ》の ∨ をクリックし、一覧から「テーブル:T顧客リスト」を選択

④ >> をクリック

⑤《次へ》をクリック

⑥《単票形式》を ◉ にする

⑦《次へ》をクリック

⑧《フォーム名を指定してください。》に「F顧客入力」と入力

⑨《完了》をクリック

㉜
①《ホーム》タブを選択

②《表示》グループの ┃ (表示)をクリック

※《フィールドリスト》が表示された場合は、✕ (閉じる)をクリックして閉じておきましょう。

③「顧客名」テキストボックスを選択

④テキストボックスの右端をポイントし、マウスポインターの形が ↔ に変わったら右方向にドラッグ

⑤同様に、「フリガナ」「住所」「TEL」の各テキストボックスのサイズを調整

㉝
①《作成》タブを選択

②《フォーム》グループの ┃フォーム ウィザード┃(フォームウィザード)をクリック

③《テーブル/クエリ》の ∨ をクリックし、一覧から「クエリ:Q受注リスト」を選択

④ >> をクリック

⑤《次へ》をクリック

⑥《単票形式》を ◉ にする

⑦《次へ》をクリック

⑧《フォーム名を指定してください。》に「F受注入力」と入力

⑨《完了》をクリック

㉞
①《ホーム》タブを選択

②《表示》グループの ┃ (表示)をクリック

③「受注日」テキストボックスを選択

④ Shift を押しながら、「顧客コード」「商品コード」「数量」の各テキストボックスを選択

⑤《書式》タブを選択

⑥《フォント》グループの ┃ ∨ (背景色)の ∨ をクリック

⑦《標準の色》の《茶》(左から10番目、上から1番目)をクリック

㉟
①「受注日」テキストボックスを選択

②テキストボックスの右端をポイントし、マウスポインターの形が ↔ に変わったら右方向にドラッグ

③同様に、「顧客名」「TEL」「商品名」「分類名」「価格」「金額」の各テキストボックスのサイズを調整

㊱
①「受注番号」テキストボックスを選択

② Shift を押しながら、「顧客名」「TEL」「商品名」「分類コード」「分類名」「価格」の各テキストボックスを選択

③《デザイン》タブを選択

④《ツール》グループの ┃ (プロパティシート)をクリック

⑤《データ》タブを選択

⑥《使用可能》プロパティをクリック

⑦ ∨ をクリックし、一覧から《いいえ》を選択

⑧《編集ロック》プロパティをクリック

⑨ ∨ をクリックし、一覧から《はい》を選択

⑩「金額」テキストボックスを選択

⑪《編集ロック》プロパティをクリック

⑫ ∨ をクリックし、一覧から《はい》を選択

⑬《プロパティシート》の ✕ (閉じる)をクリック

㊲
①《デザイン》タブを選択

※《ホーム》タブでもかまいません。

②《表示》グループの ┃ (表示)をクリック

③ ▶ (新しい(空の)レコード)をクリック

④「受注日」テキストボックスに「2016/03/29」と入力

⑤同様に、その他のデータを入力

10

4 レポートの作成

㊳

① 《作成》タブを選択
② 《レポート》グループの （レポートウィザード）をクリック
③ 《テーブル/クエリ》の ∨ をクリックし、一覧から「クエリ：Q商品リスト」を選択
④ >> をクリック
⑤ 《次へ》をクリック
⑥ 《次へ》をクリック
⑦ 《次へ》をクリック
⑧ 《次へ》をクリック
⑨ 《レイアウト》の《表形式》を ◉ にする
⑩ 《印刷の向き》の《縦》を ◉ にする
⑪ 《次へ》をクリック
⑫ 《レポート名を指定してください。》に「R商品リスト」と入力
⑬ 《完了》をクリック

㊴

① ステータスバーの （レイアウトビュー）をクリック
② 「R商品リスト」ラベルを2回クリックし、「R」を削除

㊵

① 《作成》タブを選択
② 《レポート》グループの （レポートウィザード）をクリック
③ 《テーブル/クエリ》の ∨ をクリックし、一覧から「クエリ：Q受注リスト（期間指定）」を選択
④ >> をクリック
⑤ 《選択したフィールド》の一覧から「TEL」を選択
⑥ < をクリック
⑦ 同様に、「分類コード」「分類名」の選択を解除
⑧ 《次へ》をクリック
⑨ < をクリック
⑩ 《次へ》をクリック
⑪ 《次へ》をクリック
⑫ 《レイアウト》の《表形式》を ◉ にする
⑬ 《印刷の向き》の《横》を ◉ にする
⑭ 《次へ》をクリック

⑮ 《レポート名を指定してください。》に「R受注リスト（期間指定）」と入力
⑯ 《完了》をクリック

㊶

① ステータスバーの （レイアウトビュー）をクリック
② 「R受注リスト（期間指定）」ラベルを2回クリックし、「R」を削除

㊷

① ナビゲーションウィンドウのテーブル「T顧客リスト」を選択
② 《作成》タブを選択
③ 《レポート》グループの （宛名ラベル）をクリック
④ 《メーカー》の ∨ をクリックし、一覧から《Kokuyo》を選択
⑤ 《製品番号》の一覧から《タイ-2161N-w》を選択
⑥ 《次へ》をクリック
⑦ 《サイズ》の ∨ をクリックし、一覧から《10》を選択
⑧ 《次へ》をクリック
⑨ 《ラベルのレイアウト》の1行目にカーソルがあることを確認
⑩ 《選択可能なフィールド》の一覧から「郵便番号」を選択
⑪ > をクリック
⑫ 《ラベルのレイアウト》の2行目にカーソルを移動
⑬ 《選択可能なフィールド》の一覧から「住所」を選択
⑭ > をクリック
⑮ 同様に、その他のフィールドを配置
⑯ 《ラベルのレイアウト》の「{担当者名}」の後ろに全角空白を1つ挿入し、「様」と入力
⑰ 《次へ》をクリック
⑱ 《選択可能なフィールド》の一覧から「郵便番号」を選択
⑲ > をクリック
⑳ 《次へ》をクリック
㉑ 《レポート名を指定してください。》に「R顧客送付用ラベル」と入力
㉒ 《完了》をクリック